假日食话·在家做

彭依莎 主编

披萨

中国纺织出版社

图书在版编目（CIP）数据

假日食话·在家做披萨 / 彭依莎主编. -- 北京 ：
中国纺织出版社，2019.1
ISBN 978-7-5180-5285-1

Ⅰ. ①假… Ⅱ. ①彭… Ⅲ. ①面食—食谱 Ⅳ.
①TS972.132

中国版本图书馆 CIP 数据核字 (2018) 第 176123 号

摄影摄像: 深圳市金版文化发展股份有限公司　图书统筹: 深圳市金版文化发展股份有限公司

责任编辑: 樊雅莉　　责任印制: 王艳丽

中国纺织出版社出版发行
地址: 北京市朝阳区百子湾东里 A407 号楼　邮政编码: 100124
销售电话: 010-67004422　传真: 010-87155801
http://www.c-textilep.com
E-mail:faxing@c-textilep.com
中国纺织出版社天猫旗舰店
官方微博 http://weibo.com/2119887771
深圳市雅佳图印刷有限公司印刷　各地新华书店经销
2019 年 1 月第 1 版第 1 次印刷
开本: 710×1000　1/16　印张: 10.5
字数: 94 千字　定价: 45.00 元

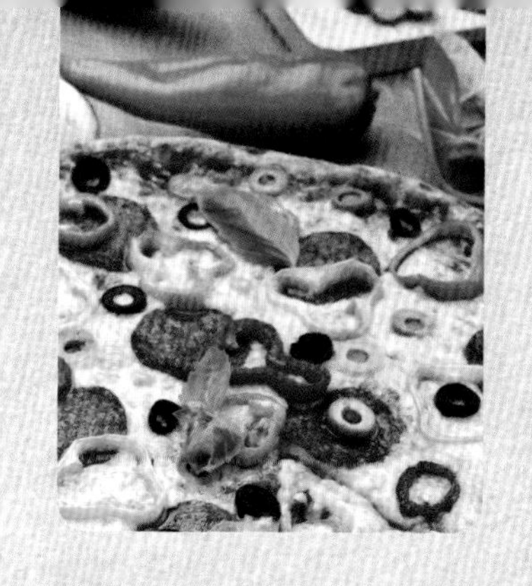

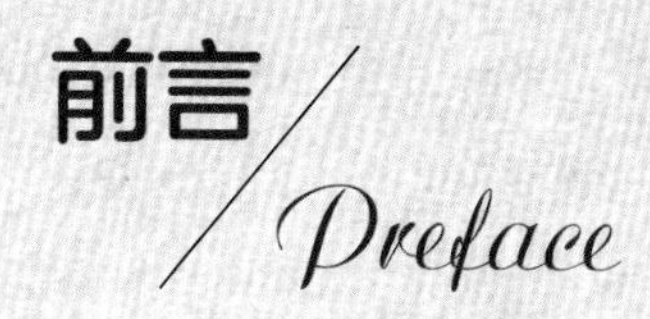

前言 Preface

披萨，又叫作比萨饼、匹萨、比萨，是一种用特殊的酱汁和馅料做成的具有意大利风味的食品，起源于意大利，在全球颇受欢迎。如今，披萨已经成为世界流行的小吃之一，受到各国消费者的喜爱，也越来越成为人们喜欢在家自制的经典美食。

听说幸福是个比较级，要用美食垫底才能感觉到。长时间发酵的面团经烘烤之后，散发出浑然天成的小麦香，加上酸甜适中的番茄酱、香气浓烈的馅料一口咬下去……简单的几样食材在口中舞出绝妙的美味，味蕾里的每一个分子都鲜活有力地裹挟着幸福，这就是披萨！

这本《假日食话・在家做披萨》精心收录了67款披萨的做法，从入门、基础、进阶再到高难度，层层递进，并提供部分二维码，扫一扫就可以看视频学习。新鲜的饼皮，上等的芝士，顶级的披萨酱，再配上各种各样新鲜的馅料，用烤箱稍加烘烤，一款款美味的披萨就出炉了。当然，如果家里没有烤箱的话，也可以用微波炉、平底锅等厨具自制创意披萨，简单易学，同样不失营养与美味。

如果假日是休闲的时光，那不妨利用难得的清闲，用美味的食物好好犒劳平时不太关心的胃，用一顿丰盛的披萨，开启一日向上正能量，与家人分享，更是难得的幸福时光。

别让你的厨房闲置，快来跟随本书，一步一步，将各式经典风味披萨搬上自家餐桌，用心意和热情为生活增添一抹亮色吧！

目录

Contents

Part 1 从指尖到舌尖，畅享披萨之旅

Part 2 入门披萨，美味幸福开炉 

Part 3　基础披萨，畅享香脆可口

Part 4　进阶披萨，尽享幸福食光 

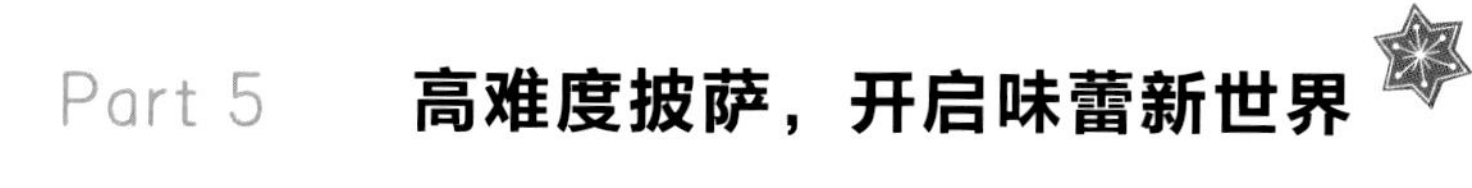

Part 5　高难度披萨，开启味蕾新世界

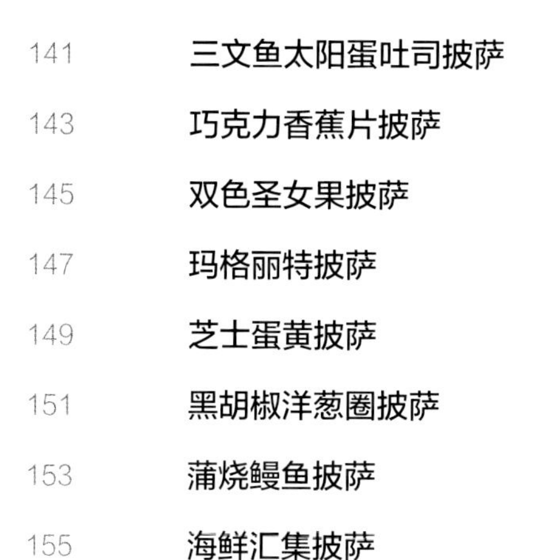

Part 1

从指尖到舌尖，畅[illegible]披萨之旅

在这个世界上，

每一份食材都值得用心对待，

每一种味道都应该用心体会，

放下那些忙碌的理由，

留一点时间给自己，

在家自制多种不同风味的披萨，

满足味蕾，收获快乐。

一块
披萨的自白

大家好！我就是那火了一百多年，今后还要继续火下去的披萨！我是一种由特殊的饼底、酱汁和馅料烤制而成，具有意大利风味的食品。毫不谦虚地说，我已经超越语言与文化的壁垒，全球通行，受到各国消费者的喜爱。

我是从哪儿来的呢？这是个哲学问题！比较权威的说法是我源自中国，在意大利得以改良，在美国得以闻名。像大多数美好的事物都出自于偶然一样，我也不例外。当年意大利著名旅行家马可·波罗在中国旅行时非常喜欢吃一种北方流行的葱油馅饼，回到意大利后一直想能够再次品尝，但却不会烤制。在一个星期天，他和朋友在家聚会，其中一位朋友是来自那不勒斯的厨师，马可·波罗灵机一动，把那位厨师叫到身边，“如此这般”地描绘起中国北方的葱油馅饼来。于是那位厨师兴致勃勃地按照马可·波罗所描述的方法制作，但忙了半天，仍然无法将馅料放入面团中。此时已经快下午2点，大家已饥肠辘辘。于是马可·波罗提议就将馅料放在面饼上吃。令人意想不到的是，大家品尝过后都觉得味道不错。这位厨师回到那不勒斯后又做了几次，并配上了那不勒斯的乳酪，不料竟大受食客欢迎，从此披萨就在意大利流传开来。大约在1905年，第一批纽约披萨在小意大利区的“隆巴迪”有售，价格为5美分，因为是舶来品，在纽约少有人问津。20世纪50年代，一股披萨热潮席卷而来。《纽约客》亲眼目睹了这种充满异国情调的食物渐渐褪去外国色彩，并在各个方面越来越美国化。20世纪以来，披萨成了纽约食物中的经典存在，披萨业成了跨越全球、身价亿万的产业。

想做出美味的披萨，新鲜的饼皮、上等的芝士、顶级披萨酱和新鲜的馅料都是必不可少的。但要做出个性的披萨，就要花不少心思哦！譬如，做一款独一无二的披萨酱，或是在馅料里加入以前没有放过的食材，让不同的食材碰撞出不可思议的味道，这些都需要你亲自尝试。

披萨
制作基本器具

开始做披萨之前，你需要准备一些基本的工具，这些工具都是可以持续使用的，而且会直接影响披萨的制作过程。

工具采购清单

下面的清单中列出了家庭制作披萨时所需要的基本工具，一些复杂的披萨配方可能需要准备更多的工具，但现在这份初始清单对于披萨新手来说已经足够。你可以带着清单去采购。

- 电子秤，克数要能精确到 0.1 克
- 干湿两用量杯和一套量匙
- 台式多功能搅拌机
- 大小不一的数个容器（玻璃或不锈钢碗）
- 电烤箱
- 速读温度计
- 厨房计时器
- 保鲜膜
- 擀面杖
- 塑料或金属案板
- 刮板
- 毛刷
- 面团刀
- 烘焙纸
- 披萨烘焙石板或不锈钢烤板
- 披萨铲
- 披萨轮刀或披萨摇刀
- 又大又圆的披萨托盘

常用器具介绍

以下是对家庭制作披萨常用器具的特点以及相关选购要点介绍，你可以根据自己的需求参阅。

电子秤

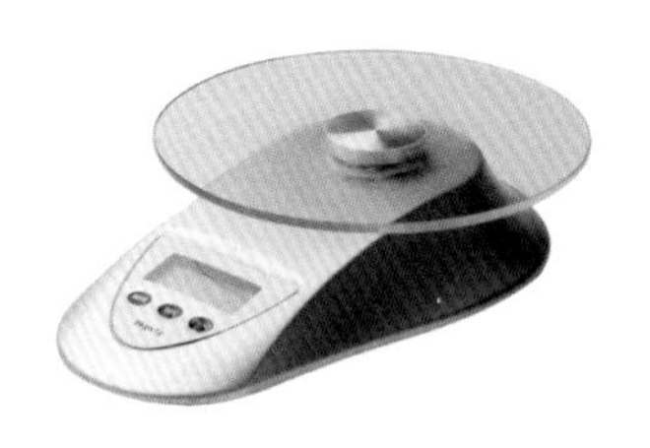

电子秤，用来在西点制作中称量各种粉类（如面粉、抹茶粉等）、细砂糖等需要准确计量的材料。电子秤需要精确到0.1克，以保证原料的准确配比，这是面团制作成功的重要保障。

量杯、量匙

量杯杯壁上有容量标示，可以用来量取材料，如水、奶油等。量匙通常由塑料或者不锈钢等材料制成，形状有圆状或椭圆状带有小柄的一种浅勺，主要用来量取少量液体或者细碎的物体。不同的量匙规格可能略有不同，一般一套 4 个，从大到小依次为 1 大勺、1 小勺、1/2 勺、1/4 勺。有些量匙还有 1/2 大勺、1/8 小勺。

多功能搅拌机

多功能搅拌机也称和面机，属于面食机械的一种，其主要功能是将面粉和水进行均匀混合。家庭做披萨只需购买普通的台式简易和面机即可。

电烤箱

烤披萨常用嵌入式或桌上型烤箱。家用电烤箱可以完成饼干、面包、蛋糕等食物的烤制工作。从实用的角度，选择一台基本功能齐全的家用型烤箱，就可以满足家庭烘焙的基本需求。注意，微波炉无法代替烤箱，它们的加热原理完全不一样。即使是有烧烤功能的微波炉也不行。

烤盘、烤网

一般烤箱会附带烤盘和烤网。烤盘用来盛放需要烘焙的食物，烤网用来放置需要连同模具一起烘烤的食品，还可以用来冷却食物。在家做披萨时，可直接将披萨放入烤盘中烘烤，也可以用披萨盘装好后放在烤网上烘烤。

擀面杖、案板

擀面杖，一种用来压制面条、面皮的工具，多为木制。家庭使用选普通擀面杖即可。制作披萨面团时，可以选专用排气擀面杖，其表面有细小颗粒，可在擀面团时将内部的气体排出。制作面食，推荐使用非木质的案板，如金属、塑料案板。和木质案板比起来，它们更不易粘，而且不易滋生细菌。

毛刷

毛刷主要用来蘸取油脂涂刷烤盘，或蘸取油脂、蛋液或糖浆刷在面团表皮一层，还可用干净的毛刷去除面团上的多余面粉。毛刷尺寸较多，材料有尼龙或动物毛，其软硬粗细各不相同。如果用来涂抹面团表面的全蛋液，使用柔软的羊毛刷比较合适。

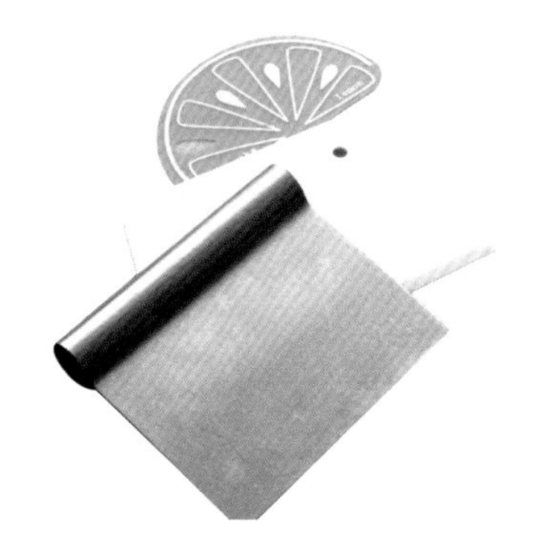

刮板

刮板又称面铲板，是一块接近方形的板，它是制作面团后刮净容器或面板上剩余面团的工具，也可以用来切割面团及修整面团的四边。

披萨铲

披萨铲可用于将披萨放入或移出烤箱。披萨铲宜选短柄的，长度在 35 ~ 40 厘米较为合适。如果烤箱较大的话，披萨铲手柄也可以稍长，在 50 厘米左右。家庭做披萨通常用木铲，因为更稳当。如果是熟手，使用金属铲也无妨。

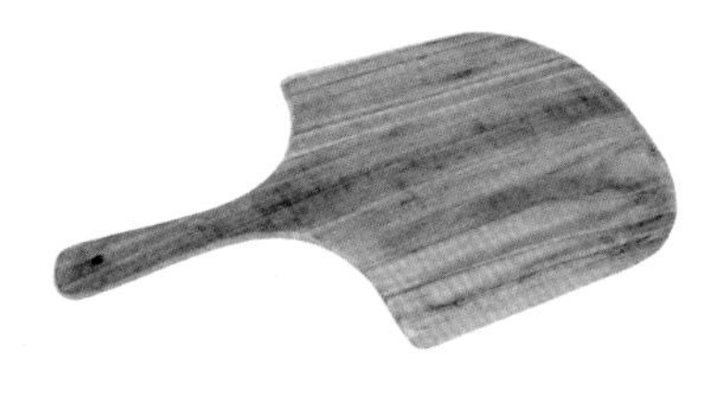

烘焙纸

烘焙纸是一种耐高温的纸，主要用于烤箱内烘烤食物时垫在底部，能够防止食物粘在模具上导致清洗困难，还能保证食品干净卫生。

烘焙石板、披萨盘

不锈钢烤板和烘焙石板都适用。烘焙石板已经使用了很多年，效果很好，长方形的烘焙石板尤其好用。不锈钢烤板导热性能好，受热均匀，升温比烘焙石板快，非常适用于家庭烘焙。披萨盘应在烤箱允许的范围内尽可能选大的。

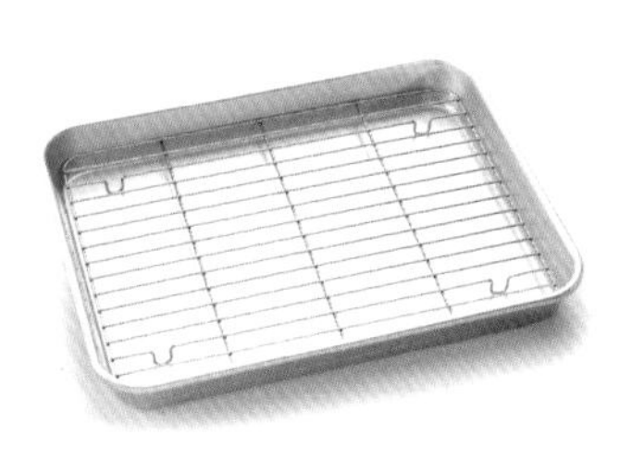

披萨轮刀

家庭使用传统的披萨轮刀即可。披萨轮刀刀面通常采用不锈钢材质，硬度高，耐腐蚀性强，切割方便；刀片中心为转动轴承，滑动轻松，可来回切割，不费力地将披萨上的奶酪连同披萨一起切断。轮刀还适用于吐司、面包、蛋糕等的切割。

披萨摇刀

现在也有很多家庭喜欢用披萨摇刀来切割披萨。披萨摇刀的刀刃呈弧形，两端各有一个把手。披萨摇刀通常比较大，可以一次将披萨平整地切开。使用的时候握住刀，使较低的一端与砧板成 45° 角，抵在披萨边上；按住刀的另一端，用力向下压，沿直径摇摆摇刀将面饼切透，切的时候要果断干脆。不断重复该动作，直到切出你想要的块数。

制作美味披萨的常用原材料

一份美味的披萨必须具备 4 个特质：新鲜酥软的饼皮、上等奶酪、美味披萨酱和新鲜的馅料。以下是为大家准备的在家做披萨时需要用到的原料清单，按需采购即可。

面饼制作基本材料

面饼是披萨的核心和灵魂，想要做出口感松软、弹性十足的面饼，在选择原材料时颇有技巧。

面粉

小麦面粉中特有的麦胶蛋白和麦谷蛋白能通过吸水和搅拌产生面筋。在酵母发酵时会产生二氧化碳，面筋越多就越能“捕获”这些气体，从而支撑起面团的结构，使面团膨胀。做披萨时选什么样的面粉取决于你想做的披萨的类型以及你想用多少时间使面团发酵成熟。通常，发酵时间长、柔韧、蛋白质含量高的面粉适合做披萨面饼。

在小麦面粉中，蛋白质含量在12.5%以上的面粉称为高筋面粉，也叫作高蛋白面粉，是制作披萨面饼的主要原料。中筋面粉通常含有9%～12%的蛋白质，如果要制作发酵时间短的面团，用这种面粉是可以的，不过用来制作包子、馒头、饺子等中式面点则更为合适。低筋面粉的蛋白质含量通常在9%以下，适合制作蛋糕和饼干，而不适合制作披萨。

在制作面团时可以加入少量全麦面粉，全麦面粉是用没有去掉麸皮的小麦所磨成的面粉，其口感粗糙，颗粒较为粗大，由于保留了麸皮中的大量维生素、矿物质和纤维素，营养价值较高。需要注意的是，全麦面粉加入面团的分量不能过大，否则会影响面筋的形成。

高筋面粉

中筋面粉

全麦面粉

酵母

酵母是生物膨大剂的一种，由新鲜酵母脱水而成，对面团的发酵起着决定性作用。新鲜酵母因其储存温度低、保质期短而不适宜家庭使用。市售的酵母通常为使用方便、易贮存的颗粒状干酵母，多成袋出售。在面团中加入酵母以后，酵母即可吸收面团中的养分迅速生长繁殖，并产生二氧化碳气体，使面团形成膨大、松软、蜂窝状的组织结构。

酵母储存不当容易缩短使用寿命，甚至使其失去活性，因此，家庭烘焙时不建议大量购买，需要多少买多少即可（建议购买袋装的）；如果一次购买的量较大，未用完的酵母一定要注意密闭、冷藏保存，如果发现酵母变色或者出现霉点，需舍弃不用。

激活鲜酵母或干酵母时，不要使用太烫的水，否则可能会杀死酵母菌。

盐

盐是制作面团不可缺少的原料。盐不仅能给披萨面团增加味道，还能增强面团中面筋的强度，使面团更柔韧，更富有弹性；盐能起到防腐剂的作用，可防止面团氧化和变色；此外，盐还能延缓发酵，因为它会脱去酵母菌细胞中的部分水分，从而降低酵母菌的活性。

制作披萨面团一般不会在一开始就用盐，而是在酵母开始发酵后才加入盐，盐的用量一般是面粉用量的1.0% ~ 2.2%。

橄榄油

在制作披萨面团时大多会用到橄榄油，它能帮助各种原料乳化，形成更光滑的质地，从而使面团更柔软。油脂还能帮助面团在烘焙时变色。往面团中加入黄油、猪油、炼乳、奶油和牛奶等其他油脂或含油脂的原料，也能产生相似的功效。

油脂一般在和面的最后阶段加入，如果加得太早，油脂会形成膜，阻断面粉吸收水分。

细砂糖

细砂糖是经过提取和加工以后结晶颗粒较小的糖，是烘焙中常用到的糖。细砂糖颗粒小，更易融入面团或面糊里，并能吸附较多的油脂，还能令烘焙成品更加细腻光滑。

鸡蛋

在面团中加入少量鸡蛋，可以增加营养和风味；将鸡蛋液打散，用毛刷刷在面团表面，可帮助食品上色和保湿。

披萨配料常用食材

一块美味的披萨除面饼之外，通常还会有番茄酱，奶酪，蘑菇、洋葱、番茄等蔬菜，橄榄、牛油果等水果，火腿、香肠、培根、凤尾鱼等肉类及海鲜，以及牛至叶、罗勒叶等香草。家庭做披萨，还可以根据自己的喜好和不同披萨的具体情况搭配不同的食材，以便达到更好的烘焙及摆盘效果。

奶酪

可以用来做披萨的奶酪有多种，下面一一进行介绍，读者可根据需求进行选择。

马苏里拉奶酪（Mozzarella Cheese）	做披萨首选奶酪，原产地在丹麦。由水牛奶制成，味道清淡，口感顺滑，色泽纯白，组织富有弹性，烤后呈流质状，有独特的拉丝效果。在制作披萨时，可以刨丝或切碎后撒在披萨上
帕马森奶酪（Parmesan Cheese）	一种硬质奶酪，原产地为意大利，其味道浓郁，被誉为“奶酪之王”。市面上通常看到的帕玛森奶酪是三角形的包装，通常会刨成丝状将它撒在铺好料的披萨上面，这样披萨烤好之后，就会有一股乳香风味
红切达奶酪（Red Cheddar Cheese）	这种奶酪外表有一层橘红色的皮，味道浓厚，口感绵密，原产自英国，组织细致坚硬，可刨成丝撒在披萨上面，味道浓郁中又带点盐分的风味，用来搭配肉类披萨最适合不过。同时也常用在搭配意式菜肴上，亦可以切成块状直接食用，佐以红酒，是一种多样变化的食材
奶油奶酪（Cream Cheese）	奶油奶酪就是夹心面皮中间涂的那一层奶酪，顾名思义，它有着奶油般的香气与口感，遇热则会融化，在咬下夹心披萨时，能让人满口充满奶酪的香味
芝士粉（奶酪粉）	是帕马森奶酪加工后所得的粉末，可以撒在披萨表层增加披萨的风味

家庭做披萨，建议购买块状奶酪自己磨碎或切丝、切片后使用，不要直接购买奶酪碎。因为为了防止结块，预先磨好的奶酪碎中通常都加入了抗结剂、改性淀粉和胶。如果需要将奶酪切片，可以购买一台小型切片机，或直接用一把长尖刀切，切之前确保奶酪在冻硬状态。

披萨酱

绝大多数披萨酱都会用番茄酱，也有用奶油白酱、香草酱的。如果条件允许，你可以用新鲜优质的番茄混合纯天然香料自制番茄酱，当然，也可以直接购买番茄罐头或其他番茄制品和调味品简单调和后使用。

蔬菜和水果

◆绿橄榄
◆黑橄榄
◆洋葱
◆大蒜
◆蘑菇
◆牛油果
……

肉类及海鲜

◆熟火腿
◆香肠
◆培根
◆鸡肉
◆牛肉
◆虾肉
◆三文鱼
◆凤尾鱼
◆吞拿鱼
◆蟹肉
……

香草

◆牛至叶
◆罗勒叶
◆洋蓟
◆迷迭香
◆百里香
……

披萨
制作实践

对于烘焙新手来说，掌握以下披萨饼皮、酱料及馅料制作的重点及基本工序是很有必要的，这样可以为以后的即兴发挥以及尝试更多种类的披萨配方打好基础。

基础面团的制作

披萨面饼可以在超市购买，也可以自己在家做。制作披萨面团通常有称量原料、溶解酵母粉、混合材料、和面、揉面、发酵几个步骤。

首先准备好材料，包括：

- 高筋面粉 600 克
- 活性干酵母 5 克
- 冷水 270 毫升
- 温水 60 毫升（水温在 28℃左右，手温即可，建议不要超过 30℃）
- 橄榄油 20 毫升
- 细砂糖 18 克
- 盐 3 克

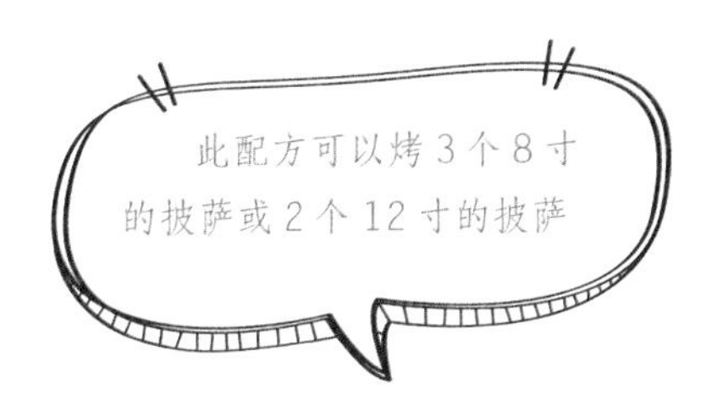

接下来开始具体的操作：

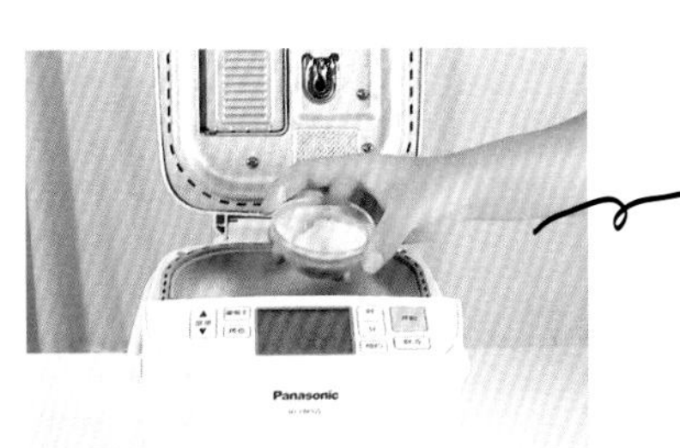

称量

将每一种原料放在容器中单独装好并称量。冷水和温水可以最后称量，这样使用的时候可以保证适宜的温度。

激活酵母菌

将酵母加入面粉之前应先让酵母菌“醒过来”，即用温水激活酵母菌。这样做还可以及时发现酵母粉是否有质量问题。

将 60 毫升温水倒入装有酵母的碗中，用打蛋器大力搅拌 30 秒，至酵母溶解。溶解后的液体表面应该有少许泡沫。如果酵母颗粒没有溶解，而且有一些漂浮在表面，说明该酵母失去了活性，这时需更换酵母重新溶解。

和面

❶ 在装有面粉的和面盆中倒入冷水、酵母溶液，然后将和面盆放到台式搅拌机上，开启机器，低速搅拌一会儿。（若还使用了其他类型的面粉，可先将面粉混合好后再加入冷水和酵母溶液，此步骤同样适用于手工和面）

❷ 约 1 分钟后，看到大部分面团缠在钩形头上，关掉搅拌机，并将缠在钩形头上的面团取下来。翻转面团，使盆底的散面粉全部粘在面团上。如果不能全部粘上去，分次加入少量水（一次加 1/2 匙），直至面团不干并能紧实地结合在一起。

❸ 加入盐、细砂糖，低速搅拌 1 分钟。

❹ 再加入橄榄油，低速搅拌 1 ~ 2 分钟。其间不时停下搅拌机，将缠在钩形头上的面团刮下来，直至所有的油都被面团吸收。此时面团看起来并不是特别光滑。

家庭一般用搅拌机和面比较方便，但如果实在没有，用手工和面也无妨。

①将面粉倒入和面盆中，往面粉中间挖一个洞，倒入冷水，搅拌使材料混匀，然后加入酵母溶液。

②将面团从四边往中间折叠，用一只手的掌根往下压，并不时将和面盆旋转 90°。如果面团看起来较干且松散或有散面粉，就加入少量水（一次加 1/2 匙）。

③继续和面约 1 分钟，加入盐、细砂糖，继续和面至原料混合均匀。

④在面团中间挖一个洞，加入橄榄油，继续和面，让油全部被面团吸收。

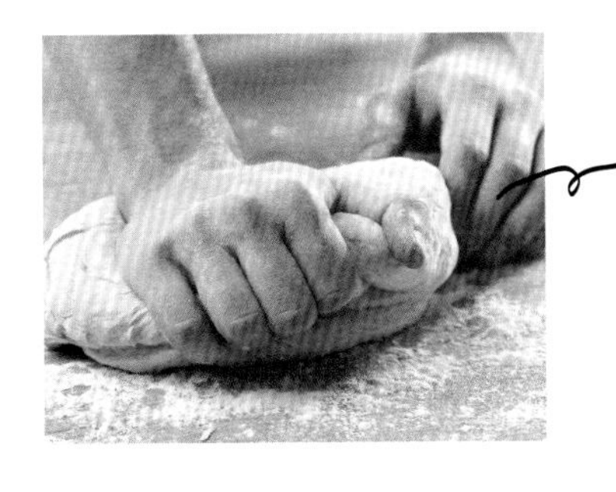

揉面

用刮刀将面团移至未撒面粉的光滑工作台上，将面团聚拢。将你的惯用手（通常是右手）的掌根放在面团上方，向前方下推，另一只手将面团旋转45°，并再次聚拢面团。重复推→旋转→聚拢的动作2～3分钟，直至面团变得光滑。用一块干净、湿润的布巾盖住面团，室温下静置约20分钟。

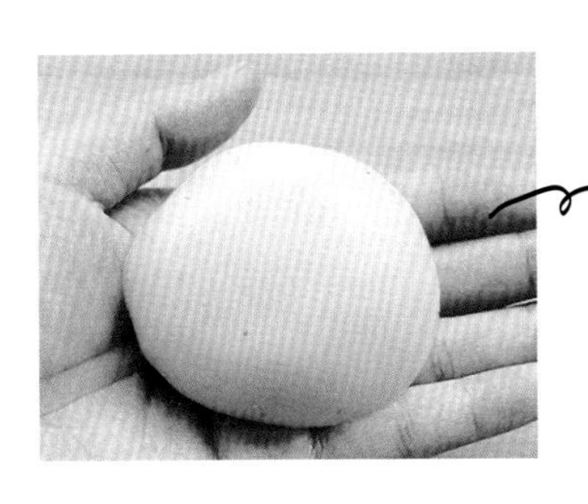

揉圆

用面团刀松弛面团，然后将其均分成2份或3份（视需求而定）。每一块分别称重，根据需要调整面团的重量，可能会剩余一点儿面团。接下来用双手手指弯曲，内抠住面团，将面团由两边向中间折叠；旋转面团，继续折叠，直至面团表面光滑紧绷；然后将接缝用力捏合在一起，使面团呈球形。注意过程中不要撕扯面团。

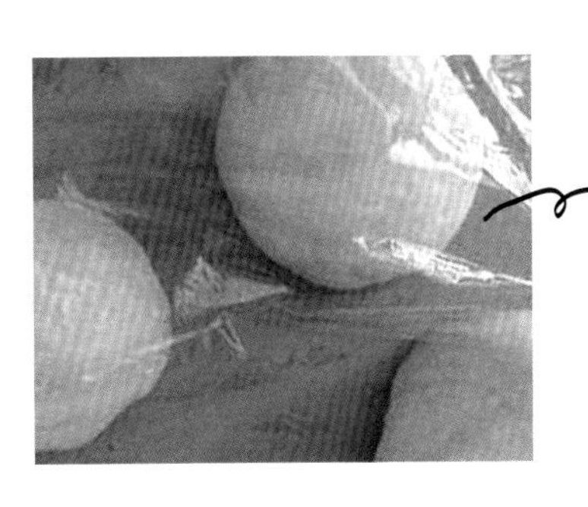

发酵

将面团揉圆后放入烤盘中，用保鲜膜裹严实，然后将烤盘水平放入冰箱，冷藏24～48小时。在制作披萨前，取出需用的面团（暂时不用的面团继续放在冰箱冷藏），静置使其恢复室温，然后将面团移出烤盘。在面团上撒上一把铺面（铺面可以由做面团所用的面粉和少量粗制全麦面粉混合而成），然后将面团擀成面饼即可。

如果想要现揉现做，快速发酵，可不冷藏，直接在室温下发酵1～2小时，发至比原来大1倍即可。夏季气温炎热时可缩短发酵时间，冬季天气寒冷时则建议在烤箱内发酵，可以提升发酵速度。

怎么判断面团是否发酵好了？

用手指沾少许面粉，插入面团并小心抽出，若面团不会马上弹回，表示已经发酵好了。若压下后快速回缩，则表示发酵时间还不够。相反，若长时间下陷不弹回，则表示发酵过度。

特色披萨饼底介绍

在家做披萨，首先要做的就是披萨饼底。下面我们介绍 3 种特色披萨饼底的制作方法，供您学习。

特色披萨饼底一

原料：高筋面粉 46 克，低筋面粉 13 克，酵母粉 2 克，盐、糖各 5 克，橄榄油 5 毫升，温水 34 毫升

做法：

❶ 在温水碗中倒入酵母粉，搅打一会儿，至其混合均匀。
❷ 取一个大碗，倒入高筋面粉、低筋面粉、盐、糖。
❸ 将 ❷ 搅拌均匀，倒入橄榄油和酵母水，用橡皮刮刀拌匀。
❹ 用手揉搓一会儿，至其成为光滑的面团。
❺ 将面团放入碗中，盖上保鲜膜，发酵 15 分钟左右。
❻ 揭开保鲜膜，将面团取出，擀成烤盘大小，即成披萨底。

特色披萨饼底二

原料：中筋面粉 320 克，酵母粉 5 克，盐 3 克，糖 15 克，玉米油 15 毫升，温水 180 毫升

做法：

❶ 在温水碗中倒入酵母粉，搅打一会儿，至其混合均匀。
❷ 取一个大碗，倒入中筋面粉、盐、糖。
❸ 在 ❷ 中加入玉米油和酵母水，用橡皮刮刀拌匀。
❹ 用手揉搓一会儿，至其成为光滑的面团。
❺ 将面团放入碗中，盖上保鲜膜，发酵 15 分钟左右。
❻ 揭开保鲜膜，将面团取出，擀成烤盘大小，即成披萨底。

特色披萨饼底三

原料：高筋面粉 170 克，酵母粉 3 克，盐 2 克，糖 8 克，色拉油 8 毫升，温水 90 毫升

做法：

❶ 取一个大碗，倒入高筋面粉，加入盐、糖，搅拌匀。
❷ 温水碗中倒入酵母粉，搅打一会儿，至其混合均匀。
❸ 将酵母水倒入面粉碗中，加入色拉油，用橡皮刮刀拌匀。
❹ 用手揉搓一会儿，至其成为光滑的面团。
❺ 将面团放入碗中，盖上保鲜膜，发酵 15 分钟左右。
❻ 揭开保鲜膜，将面团取出，擀成烤盘大小，即成披萨底。

披萨酱的制作技巧

备好披萨饼皮之后，就要抹酱啦！自制的披萨酱要比买的成品更符合自己的口味。其实披萨酱的做法并不复杂，只需准备好做披萨酱的材料、器具，然后按照步骤一步步进行，就能做出一道属于自己的美食调味品。

意大利红酱

材料：黄油 20 克，洋葱 150 克，西红柿 400 克，番茄酱 5 克，黑胡椒碎 1/2 小匙，牛至叶 1/2 小匙，盐 1/4 小匙，白糖 3 小匙

做法：

❶ 将西红柿去皮，切成丁；洋葱切碎，备用。

❷ 取一锅，放入黄油，加热至融化，下入洋葱碎，炒香。

❸ 锅中加入黑胡椒碎和牛至叶，翻炒均匀。

❹ 倒入西红柿丁，翻炒均匀，加入白糖和番茄酱，炒匀。

❺ 小火焖制，待熬掉多余水分后加盐调味。

❻ 关火，将做好的红酱盛入碗中即可。

奶油白酱

材料：黄油 12 克，低筋面粉 15 克，鲜牛奶 150 毫升，淡奶油 50 毫升，盐少许

做法：

❶ 取一锅，放入黄油，加热至熔化。

❷ 锅中倒入低筋面粉，炒出香味。

❸ 关火，倒入淡奶油、鲜牛奶，用搅拌器搅拌均匀。

❹ 开小火，边熬边搅拌，待酱料黏稠后加盐调味。

❺ 关火，将制好的白酱盛入碗中即可。

意大利青酱

材料：新鲜罗勒 2 把，熟松子 10 克，帕马森干酪、大蒜、橄榄油各适量，柠檬皮屑、盐、黑胡椒各少许

做法：

❶ 新鲜罗勒取叶子部分洗净，沥干水分，备用。

❷ 将帕马森干酪刨丝，松子去壳取出松仁，大蒜去皮切小块。

❸ 将罗勒叶、帕马森干酪、松子、大蒜、柠檬皮屑、盐、黑胡椒放入料理机中，逐次加入橄榄油，搅打至酱状。

❹ 将青酱装入玻璃瓶中，淋上一层橄榄油，密封保存即可。

黑胡椒酱

材料：黑胡椒碎、大蒜、黄油各5克，洋葱10克，番茄酱15毫升，蚝油5毫升，糖、盐各2克

做法：

❶ 洋葱和大蒜切成碎末，待用。

❷ 将黄油放入热锅中，融化成液体。

❸ 锅中放入洋葱碎和大蒜碎，煸炒至洋葱变软变透明，且出香味。

❹ 倒入黑胡椒碎，快速翻炒均匀，至其出香味。

❺ 锅中倒入适量水，没过食材，转小火煮至沸腾。

❻ 倒入番茄酱、蚝油、糖和盐，继续小火煮制。

❼ 待汤汁变浓稠后盛出即可。

披萨铺料重点

新鲜的披萨出炉啦！披萨散发着诱人的香气，金黄色的披萨上均匀地撒着精心准备的色泽鲜艳的食材。切一小块，长长的拉丝，层次分明的食材，看得人口水直流。这样的披萨，在铺料的时候是不是有讲究呢？我们一起来看一下。

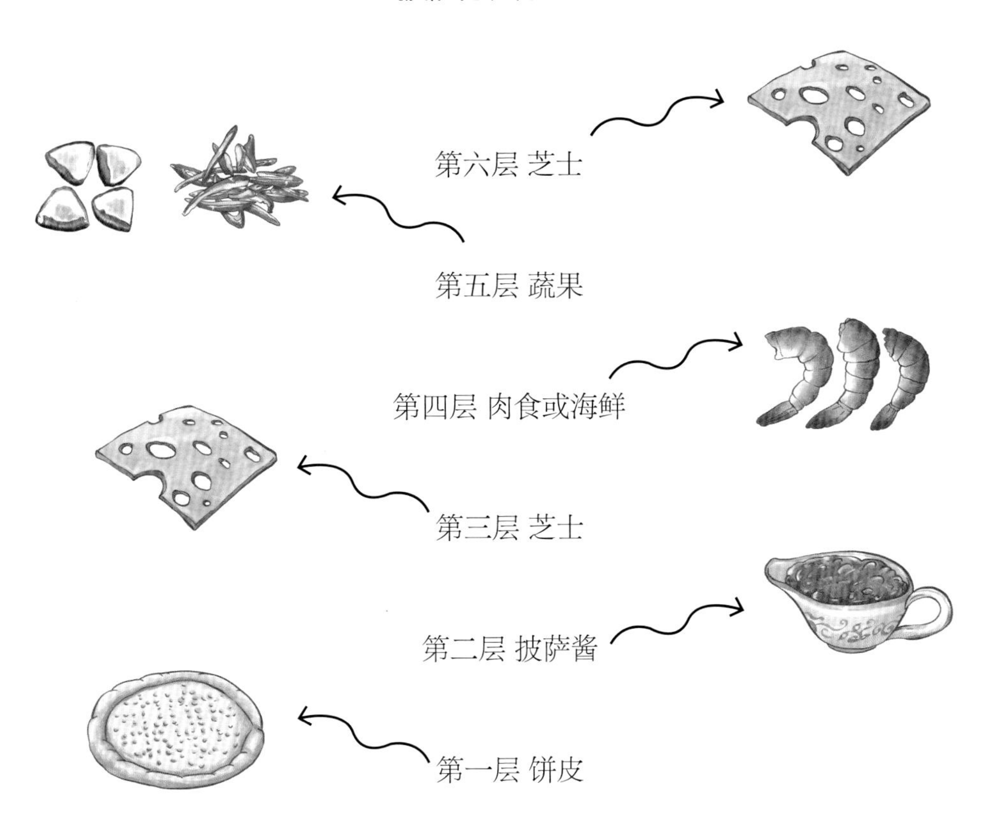

披萨的每一层都应该铺设均匀，这样烤制出来的披萨不仅形状好看，也不会出现较大的口感差异。

烤披萨的注意事项

铺好了精心准备的食材，真的是大功告成了吗？不，还有一道重要的工序需要做，那就是烤制！有了家用电烤箱，能预设温度，能定时，大大方便了我们烤制披萨，但仍然还有许多需要注意的事项。

温度和时间的设定有讲究

为了烘焙出外形、口感俱佳的披萨，烤箱温度和时间的设定必须拿捏精准。烤箱烤制温度一般设定在235～300℃，时间设定在2～10分钟。夹板烤箱的温度可以设定为上火300℃，下火260℃，时间设定为7分钟；链条烤箱的温度可以设定为255℃，时间设定为5分10秒。值得注意的是，不同品牌、不同型号、不同类型的烤箱，参数设定会有一定的差别，需要根据实际情况予以适当的调整。

烤披萨前需要预热

预热烤箱是成功烘焙披萨的关键一步。我们可以在制备馅料、饼底的同时将烤箱预热。一旦空烤箱达到预设的温度，就可以将制作好的披萨生坯放进去开始烤制了。预热的时间不用太久，以免影响烤箱的寿命。

分两层撒芝士

在撒芝士时，一般建议分两层，这样在烤制时，热风对流循环加热，可利用上、下芝士分层锁住馅料，使馅料不会因为太过暴露而烤焦、烤糊，融化的芝士也可以很好地包裹住馅料，与饼底一体成型，不易掉落。

注意烤盘的放置位置

披萨生坯做好后，还应注意在烤盘中的摆放位置。如果是分层的烤箱，建议放在第二层或第三层，远离上方的加热管，这样披萨上面的奶酪就不会被烤焦。

烤得好看有方法

想让烤制出的披萨饼边好看，呈现金黄色，不妨试试下面的方法：

◆和面配方中加入适量糖，在加热的过程中糖会发生焦糖化作用和美拉德反应，达到一定的着色效果。

◆制饼时利用玉米谷物搓饼粉，拍除多余的搓饼粉后，少量的玉米搓饼粉在烤制后不仅能增色，还能添香。

◆烘烤前在披萨饼上刷一层油或者是蛋液，着色效果也是不错的。

防止披萨粘盘

在把面饼放在烤盘上烘烤之前，可先在烤盘上刷一层油，这样有利于取出烤好后的披萨。另外，在搓制饼底的过程中要注意厚薄均匀，太薄的地方在抹酱撒料后也容易粘在烤盘上。

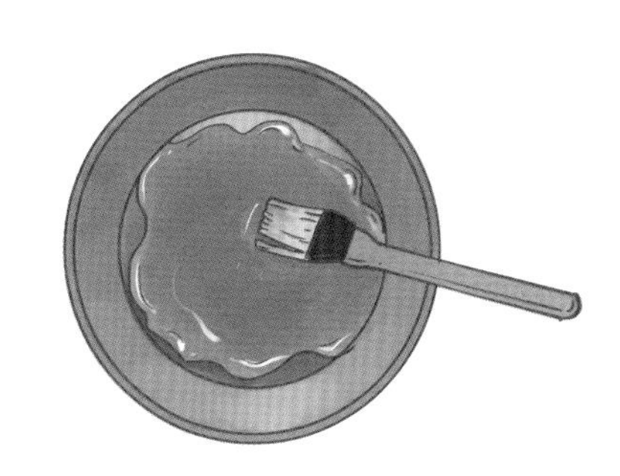

小心避免烫伤

正在加热中的烤箱除了内部的高温，外壳以及玻璃门也很烫，所以在开启或关闭烤箱门时，建议戴上隔热手套，以免烫伤。

谨防饼边鼓包

导致饼边鼓包的原因有以下几种，都可以归咎于操作不当：

◆和面过程中，搅拌不均匀，导致面团表面不够光滑。

◆面团制饼的过程中排气不充分，打孔没打好。

◆面团发酵过度，过于柔软，整体坍塌。

避免披萨口感过硬

披萨口感硬，可能有多方面的原因，在烘烤时，可以根据原因进行调整：

◆面粉自身的原因，可以选择高、低筋面粉搭配使用，或者选择披萨专用面粉。

◆发酵不充分，面筋还未充分扩展，尚未达到最佳的蓬松延展状态。

◆烘烤温度不够，烤制时间偏长，饼底和馅料的水分流失太多。

◆如果面团本身偏硬，不容易揉搓延展，可能是添加的水太少了，加大用水量的同时还可以增加油的用量。

Part
2

入门披萨，美味幸福开炉

不管你是厨房小白，
还是食界达人，
想要在家自制美味可口的披萨，
就从入门级别开始做起吧，
带着烤箱践行你的披萨梦想，
相信你一定可以！

上火 200℃
下火 200℃
10 分钟

原味披萨

面皮

高筋面粉200克，黄奶油20克，酵母3克，盐1克，白糖10克

馅料

芝士丁 40 克，熟米饭适量

做法

❶ 高筋面粉倒在案台上，用刮板开窝，加入水、白糖、酵母、盐，搅匀。
❷ 刮入高筋面粉，倒入黄奶油，混匀，揉成面团。
❸ 取面团，用擀面杖擀成圆饼状面皮，放入披萨圆盘中，稍加修整。
❹ 用叉子在面皮上均匀地扎出小孔，放置常温下发酵 30 分钟。
❺发酵好的面皮上铺一层熟米饭，再均匀地撒上芝士丁，制成披萨生坯。
❻ 预热烤箱，温度调至上、下火200℃，将披萨生坯放入烤箱中，烤10 分钟，取出切块即可。

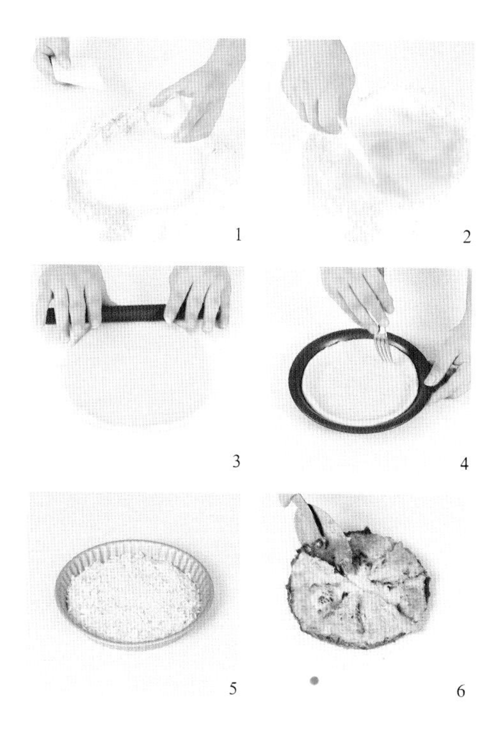

芝心披萨

面皮

高筋面粉 200 克，黄奶油 20 克，鸡蛋 1 个，酵母 3 克，盐 1 克，白糖 10 克

馅料

芝士、腊肠块各 40 克，玉米粒、洋葱丝各 30 克，番茄酱适量

做法

❶ 高筋面粉倒在案台上，用刮板开窝，加入水、白糖、酵母、盐，搅匀。
❷ 放入鸡蛋，搅散，刮入高筋面粉，倒入黄奶油，混匀，揉成面团。
❸ 取面团，用擀面杖擀成圆饼状面皮，放入披萨圆盘中，再将边缘整成波浪状。
❹ 用叉子在面皮上均匀地扎出小孔，放置常温下发酵 1 小时。
❺ 发酵好的面皮上铺一层玉米粒，放上腊肠块、洋葱丝。
❻ 在披萨的波浪边缘加入芝士，制成披萨生坯。
❼ 预热烤箱，温度调至上、下火 200℃，将披萨生坯放入烤箱中，烤 10 分钟，取出淋上番茄酱即可。

家常披萨

面皮

高筋面粉 200 克，黄奶油 20 克，鸡蛋 1 个，酵母 3 克，盐 1 克，白糖 10 克

馅料

洋葱丝60克，培根、红椒丁、黄椒丁各30克，芝士丁40克，卷心菜适量

做法

❶ 高筋面粉倒在案台上，用刮板开窝，加入水、白糖、酵母、盐，搅匀。
❷ 放入鸡蛋，搅散，刮入高筋面粉，倒入黄奶油，混匀，揉成面团。
❸ 取面团，用擀面杖擀成圆饼状面皮，放入披萨圆盘中，稍加修整。
❹ 用叉子在面皮上均匀地扎出小孔，放置常温下发酵 1 小时。
❺ 发酵好的面皮上铺一层洋葱丝，放上培根和卷心菜。
❻ 加入红椒丁、黄椒丁、芝士丁，制成披萨生坯。
❼ 预热烤箱，将温度调至上、下火 200℃。
❽ 将披萨生坯放入烤箱中，烤 10 分钟即可。

上火 200℃
下火 200℃
10 分钟

蔬菜披萨

扫一扫，看视频

面皮

高筋面粉200克，黄奶油20克，鸡蛋1个，酵母3克，盐1克，白糖10克

馅料

芝士丁 40 克，西葫芦片、茄子丁、彩椒丁各适量

做法

❶ 高筋面粉倒在案台上，用刮板开窝，加入水、白糖、酵母、盐，搅匀。

❷ 放入鸡蛋，搅散，刮入高筋面粉，倒入黄奶油，混匀，揉成面团。

❸ 取面团，用擀面杖擀成圆饼状面皮，放入披萨圆盘中，稍加修整。

❹ 用叉子在面皮上均匀地扎出小孔，放置常温下发酵 1 小时。

❺ 发酵好的面皮上铺上茄子丁、西葫芦片，加入部分芝士丁。

❻ 撒上彩椒丁，放入剩余的芝士丁，铺均匀，制成披萨生坯。

❼ 预热烤箱，将温度调至上、下火200℃。

❽ 将披萨生坯放入烤箱中，烤 10 分钟即可。

1 2 3 4 5 6 7 8

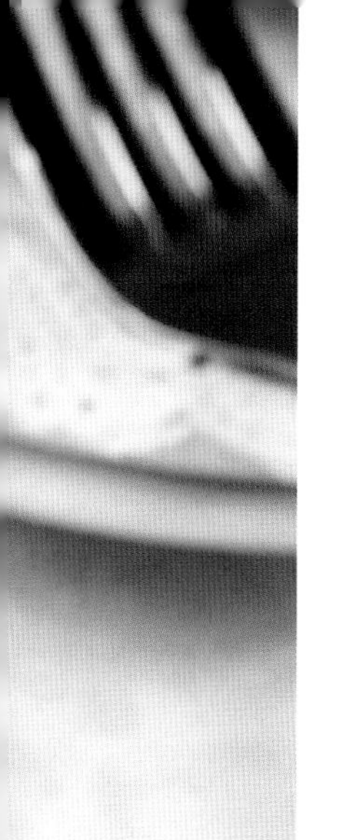

经典芝士披萨

面皮

高筋面粉 60 克，盐 2 克，酵母粉 3 克，白糖 15 克，橄榄油适量

馅料

芝士片 3 片，芝士碎、火腿粒、沙拉酱各少许

做法

❶ 高筋面粉倒在案台上，用刮板开窝，倒入酵母粉、盐、白糖，搅匀。
❷ 加入橄榄油、温水，刮入高筋面粉，混匀，用手反复揉搓，制成光滑的面团。
❸ 将揉好的面团压扁，用擀面杖擀成圆饼状面皮，放入披萨圆盘中，稍加修整。
❹ 用叉子在面皮上均匀地扎出小孔，放置常温下发酵 2 小时。
❺ 将芝士片均匀铺放在披萨面皮上，再撒上芝士碎、火腿粒，制成披萨生坯。
❻ 备好烤箱，放入披萨生坯，以上火 200℃、下火 190℃，烤 12 分钟，淋上沙拉酱即可。

上火 200℃
下火 190℃
12 分钟

菠萝披萨

面皮

高筋面粉 200 克，黄奶油 20 克，鸡蛋 1 个，酵母 3 克，盐 1 克，白糖 10 克

馅料

菠萝块 80 克，红椒丁、黄椒丁各 30 克，芝士适量

做法

❶高筋面粉倒在案台上，用刮板开窝，加入水、白糖、酵母、盐，搅匀。
❷放入鸡蛋，搅散，刮入高筋面粉，倒入黄奶油，混匀，揉成面团。
❸取面团，用擀面杖擀成圆饼状面皮，放入披萨圆盘中，稍加修整。
❹用叉子在面皮上均匀地扎出小孔，放置常温下发酵1小时。
❺发酵好的面皮上放入菠萝块、红椒丁、黄椒丁，撒上芝士，制成披萨生坯。
❻预热烤箱，将温度调至上、下火200℃。
❼将披萨生坯放入烤箱中，烤10分钟即可。

上火 200℃
下火 180℃
12 分钟

香蕉披萨

扫一扫，看视频

面皮

高筋面粉60克，盐2克，鸡粉、酵母粉各3克，白糖15克，食用油10毫升

馅料

芝士碎、披萨酱各40克，香蕉片60克

做法

❶将高筋面粉倒在台面上，开窝，倒入酵母粉、盐、鸡粉、白糖，混合匀。

❷加入食用油，倒入温水，用刮板刮入高筋面粉，将材料拌匀。

❸用手反复揉搓，揉成光滑的面团，压扁，用擀面杖擀成披萨圆盘大小的面皮。

❹将面皮放入披萨圆盘中，稍加整理，使面皮和盘完整贴合。

❺用叉子在面皮上均匀地扎出小孔，放置常温下发酵2小时。

❻将披萨酱在发酵好的面皮上抹匀，均匀地放上香蕉片、芝士碎，制成披萨生坯。

❼备好烤箱，放入披萨生坯，关上箱门，将上火温度调至200℃，下火温度调至180℃。

❽烤12分钟，打开箱门，将披萨取出即可。

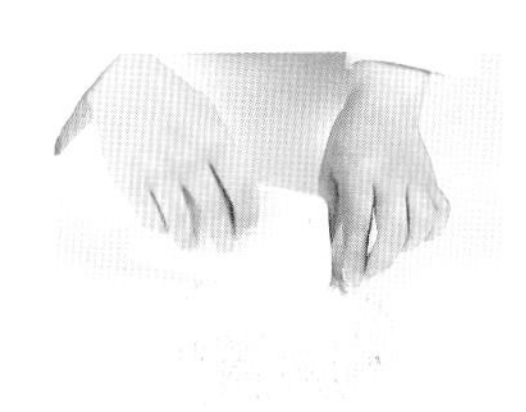

1

2

3

4

5

6

7

8

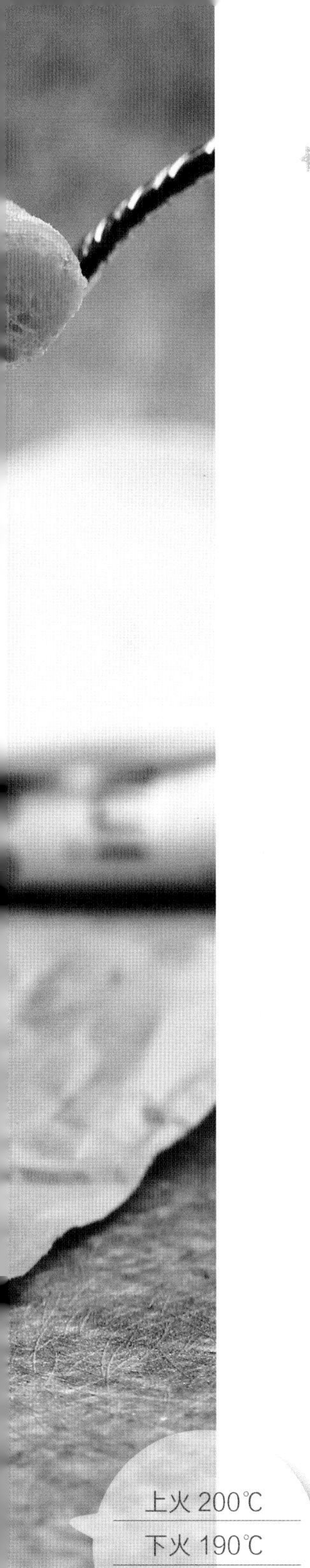

面皮

高筋面粉 60 克，盐 2 克，酵母粉 3 克，白糖 15 克，橄榄油适量

馅料

榴莲 50 克，芝士碎 30 克

做法

❶ 高筋面粉倒在案台上，用刮板开窝，倒入酵母粉、盐、白糖，搅匀。

❷ 加入橄榄油、温水，刮入高筋面粉，混匀，用手反复揉搓，揉成光滑的面团。

❸ 将揉好的面团压扁，用擀面杖擀成圆饼状面皮，放入披萨圆盘中，稍加修整。

❹ 用叉子在面皮上均匀地扎出小孔，放置常温下发酵 2 小时。

❺ 将备好的榴莲撕成小块，待用。

❻ 将榴莲块均匀铺放在披萨面皮上，再撒上芝士碎，制成披萨生坯。

❼ 备好烤箱，放入披萨生坯，以上火 200℃、下火 190℃，烤 12 分钟即可。

培根披萨

扫一扫，看视频

面皮

中筋面粉 100 克，食用油 8 毫升，糖 1 克，酵母、盐各 2 克，奶粉 0.5 克

馅料

百里茄酱50克，混合料5克，砂糖1.5克，橄榄油3毫升，盐1克，洋葱块15克，马苏里拉奶酪150克，培根、彩椒丁、洋葱丝各适量

做法

❶ 中筋面粉倒在案台上，倒入盐、酵母、奶粉、糖，开窝，加水拌匀。
❷ 用手反复揉搓，并摔打几下，加入食用油，继续揉搓、摔打，制成光滑的面团。
❸ 将揉好的面团用玻璃碗盖住，静置 10 ~ 15 分钟。
❹ 将橄榄油倒入锅中，加入洋葱块、百里茄酱，翻炒一会儿。
❺ 加水煮开，倒入混合料，加入盐和砂糖，翻炒成浓稠的披萨酱，倒入玻璃碗中。
❻ 分出一个 200 克的面团，揉圆，用保鲜膜包好，发酵一会儿。
❼ 撕开保鲜膜，用擀面杖擀成圆饼状面皮。
❽ 用叉子在面皮上插满小洞，放入圆形模具中，铺平。
❾ 将制好的披萨酱在发酵好的面皮上抹匀，待用。
❿ 撒入马苏里拉奶酪，加入培根、彩椒丁、洋葱丝。
⓫ 放入预热好的烤箱，以上、下火 350℃，烤 5 分钟，取出即可。

肉丸披萨

面皮

高筋面粉 46 克，低筋面粉 13 克，酵母粉 2 克，盐、糖各 5 克，橄榄油 5 毫升

馅料

肉丸 4 个，芝士丁 40 克，炼乳、番茄酱、蛋液、食用油各适量

做法

❶ 在温水碗中倒入酵母粉，搅打一会儿，至其混合均匀。
❷ 取一个大碗，倒入高筋面粉、低筋面粉、盐、糖。
❸ 搅拌均匀，倒入橄榄油和酵母水，用橡皮刮刀拌匀。
❹ 用手揉搓一会儿，至其成为光滑的面团。
❺ 将面团放入碗中，盖上保鲜膜，发酵约 15 分钟。
❻ 揭开保鲜膜，将面团取出。
❼ 将面团用擀面杖擀成烤盘大小，制成披萨底。
❽ 将烤盘底部刷上一层橄榄油，放入披萨底，用手调整大小。
❾ 用叉子在表面戳几个小孔，将其放入烤箱中。
❿ 待发酵好后，将面团取出，在表面刷上一层食用油。
⓫ 将肉丸对切成两半，待用。
⓬ 将披萨面皮上刷上一层蛋液，铺放上切好的肉丸。
⓭ 挨个淋上适量番茄酱。
⓮ 淋入炼乳，撒上芝士丁，制成披萨生坯，放入烤箱。
⓯ 以上、下火 200℃烤 10 分钟即可。

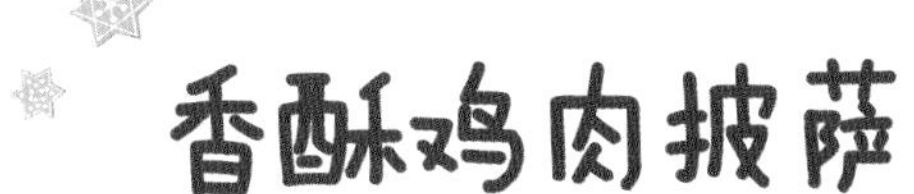

香酥鸡肉披萨

面皮

高筋面粉 46 克，低筋面粉 13 克，酵母粉 2 克，盐、糖各 5 克，橄榄油 5 毫升

馅料

芝士丁 50 克，鸡肉块 40 克，盐 3 克，食用油、生抽各适量

做法

❶ 在温水碗中倒入酵母粉，搅打一会儿，至其混合均匀。
❷ 取一个大碗，倒入高筋面粉、低筋面粉、盐、糖。
❸ 搅拌均匀，倒入橄榄油和酵母水，用橡皮刮刀拌匀。
❹ 用手揉搓一会儿，至其成为光滑的面团。
❺ 将面团放入碗中，盖上保鲜膜，发酵约 15 分钟。
❻ 揭开保鲜膜，将面团取出。
❼ 将面团用擀面杖擀成烤盘大小，制成披萨底。
❽ 将烤盘底部刷上一层橄榄油，放入披萨底，用手调整大小。
❾ 用叉子在表面戳几个小孔，将其放入烤箱中。
❿ 待发酵好后，将面团取出，在表面刷上一层食用油。
⓫ 将鸡肉块装碗，加入盐、食用油，拌匀，倒入生抽，腌渍片刻。
⓬ 将腌好的鸡肉铺放在发酵好的面皮上，撒上芝士丁，制成披萨生坯。
⓭ 放入烤箱，以上、下火 200℃烤 10 分钟即可。

上火 200℃
下火 200℃
10 分钟

Part 3

基础披萨，畅享香脆可口

经过前一轮简单的入门披萨的实践，

你是否想要尝试更多品种的自制披萨呢?

来这里，

一起学习制作多款基础披萨吧，

总有一款能够俘获你的味蕾，

让你沉迷其中!

奶香紫薯披萨

面皮

高筋面粉 60 克，盐 2 克，鸡粉、酵母粉各 3 克，白糖 15 克，食用油 10 毫升

馅料

紫薯泥 60 克，芝士粒适量

做法

❶ 高筋面粉倒在案台上，用刮板开窝，倒入酵母粉、盐、鸡粉、白糖，搅匀。

❷ 加入食用油、温水，刮入高筋面粉，混匀，用手反复揉搓，揉成光滑的面团。

❸ 将揉好的面团压扁，用擀面杖擀成圆饼状面皮，放入披萨圆盘中，稍加修整。

❹ 用叉子在面皮上均匀地扎出小孔，放置常温下发酵 2 小时。

❺ 将备好的紫薯泥均匀涂抹在披萨面皮上，再撒上芝士粒，制成披萨生坯。

❻ 备好烤箱，放入披萨生坯，以上火 200℃、下火 190℃，烤 12 分钟即可。

上火 200℃

下火 190℃

12 分钟

奶酪土豆披萨

面皮

高筋面粉 60 克，盐 2 克，酵母粉 3 克，白糖 15 克，橄榄油适量

馅料

土豆 50 克，奶酪碎 30 克

做法

❶ 高筋面粉倒在案台上，用刮板开窝，倒入酵母粉、盐、白糖，搅匀。
❷ 加入橄榄油、温水，刮入高筋面粉，混匀，用手反复揉搓，揉成光滑的面团。
❸ 将揉好的面团压扁，用擀面杖擀成圆饼状面皮，放入披萨圆盘中，稍加修整。
❹ 用叉子在面皮上均匀地扎出小孔，放置常温下发酵 2 小时。
❺ 将备好的土豆洗净，去皮，切成小块，待用。
❻ 将土豆块均匀铺放在披萨面皮上，再撒上奶酪碎，制成披萨生坯。
❼ 备好烤箱，放入披萨生坯，以上火 200℃、下火 190℃，烤 12 分钟即可。

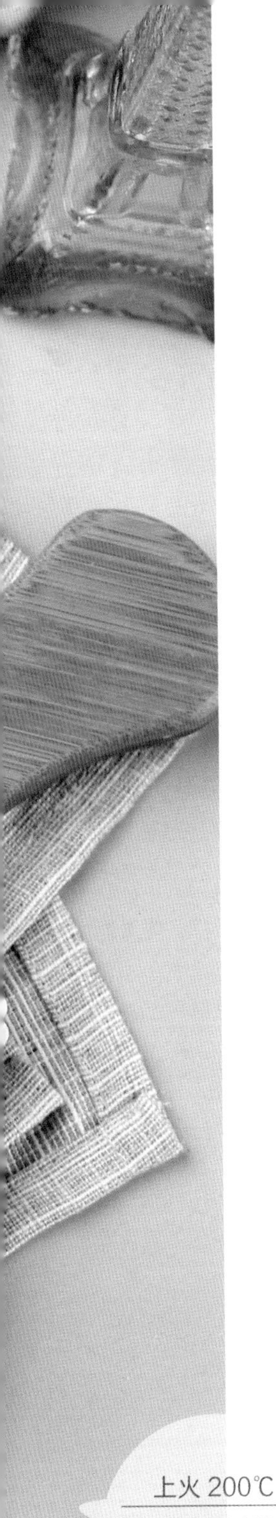

猕猴桃橙子披萨

面皮

高筋面粉 60 克，盐 2 克，酵母粉 3 克，白糖 15 克，橄榄油适量

馅料

猕猴桃、橙子各 1 个，芝士碎 30 克

做法

❶ 高筋面粉倒在案台上，用刮板开窝，倒入酵母粉、盐、白糖，搅匀。

❷ 加入橄榄油、温水，刮入高筋面粉，混匀，用手反复揉搓，揉成光滑的面团。

❸ 将揉好的面团压扁，用擀面杖擀成圆饼状面皮，放入披萨圆盘中，稍加修整。

❹ 用叉子在面皮上均匀地扎出小孔，放置常温下发酵 2 小时。

❺ 将备好的猕猴桃和橙子去皮，切成片，放入碗中，待用。

❻ 将披萨面皮刷上一层橄榄油，铺上猕猴桃和橙子片，撒上芝士碎，压平，制成披萨生坯。

❼ 备好烤箱，放入披萨生坯，以上、下火 200℃，烤 8 分钟即可。

上火 200℃

下火 200℃

8 分钟

蜜汁圣女果披萨

扫一扫，看视频

面皮

中筋面粉 320 克，酵母粉 5 克，盐 3 克，糖 15 克，玉米油 15 毫升

馅料

圣女果片 60 克，蜂蜜 20 毫升，沙拉酱、番茄酱、食用油各适量

做法

❶ 在温水碗中倒入酵母粉，搅打一会儿，至其混合均匀。
❷ 取一个大碗，倒入中筋面粉、盐、糖。
❸ 加入玉米油和酵母水，用橡皮刮刀拌匀。
❹ 用手揉搓一会儿，至其成为光滑的面团。
❺ 将面团放入碗中，盖上保鲜膜，发酵约 15 分钟。
❻ 揭开保鲜膜，将面团取出。
❼ 将面团用擀面杖擀成 7 寸大小，制成披萨底。
❽ 在烤盘底部刷上一层玉米油，放入披萨底，用手调整大小。
❾ 用叉子在表面戳几个小孔，将其放入烤箱中。
❿ 待发酵好后，将面团取出，在表面刷上一层食用油。
⓫ 发酵好的面皮上抹一层蜂蜜，撒上圣女果片，制成披萨生坯。
⓬ 将披萨生坯放入烤箱中，以上、下火 200℃烤 10 分钟。
⓭ 取出烤好的披萨，淋上沙拉酱和番茄酱即可。

上火 200℃
下火 200℃
10 分钟

上火 200℃
下火 200℃
10 分钟

田园风光披萨

扫一扫，看视频

面皮

高筋面粉200克，黄奶油20克，鸡蛋1个，酵母3克，盐1克，白糖10克

馅料

香菇片、洋葱丝各20克，玉米粒、胡萝卜丝各30克，芝士丁40克，鸡蛋1个，黑胡椒粉适量

做法

❶ 高筋面粉倒在案台上，用刮板开窝，加入水、白糖、酵母、盐，搅匀。

❷ 打入鸡蛋，搅散，刮入高筋面粉，倒入黄奶油，混匀，揉成面团。

❸ 取面团，用擀面杖擀成圆饼状面皮，放入披萨圆盘中，稍加修整。

❹ 用叉子在面皮上均匀地扎出小孔，放置常温下发酵1小时。

❺ 发酵好的面皮上倒入打散的蛋液，撒上黑胡椒粉、玉米粒、洋葱丝。

❻ 放上香菇片、胡萝卜丝，撒上芝士丁，制成披萨生坯。

❼ 预热烤箱，将温度调至上、下火200℃。

❽ 将披萨生坯放入烤箱中，烤10分钟即可。

上火 200℃
下火 200℃
10 分钟

腊肉披萨

扫一扫，看视频

面皮

高筋面粉200克，黄奶油20克，鸡蛋1个，酵母3克，盐1克，白糖10克

馅料

芝士丁、腊肉粒、玉米粒各40克，青椒粒30克，洋葱丝35克，黑胡椒、沙拉酱、番茄酱各少许

做法

❶ 高筋面粉倒在案台上，用刮板开窝，加入水、白糖、酵母、盐，搅匀。

❷ 放入鸡蛋，搅散，刮入高筋面粉，倒入黄奶油，混匀，揉成面团。

❸ 取面团，用擀面杖擀成圆饼状面皮，放入披萨圆盘中，稍加修整。

❹ 用叉子在面皮上均匀地扎出小孔，放置常温下发酵1小时。

❺ 发酵好的面皮上均匀撒入腊肉粒、黑胡椒、洋葱丝、番茄酱、玉米粒。

❻ 加入青椒粒，刷上沙拉酱，均匀铺上芝士丁，制成披萨生坯。

❼ 预热烤箱，将温度调至上、下火200℃。

❽ 将披萨生坯放入烤箱中，烤10分钟即可。

STAINLESS STEEL

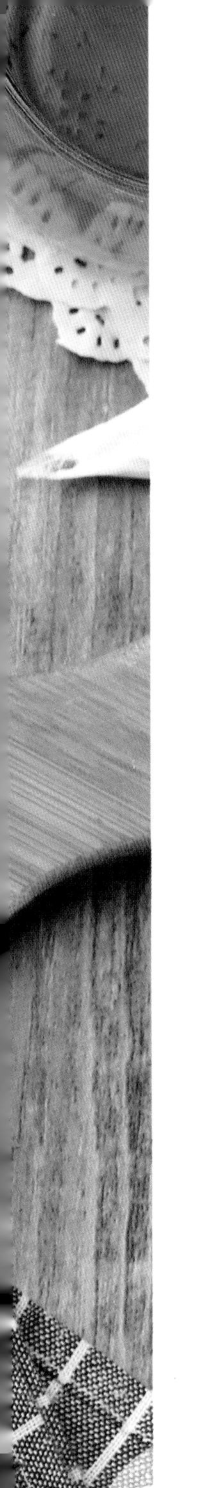

南瓜鱼丸披萨

面皮

高筋面粉 46 克，低筋面粉 13 克，酵母粉 2 克，盐、糖各 5 克，橄榄油 5 毫升

馅料

鱼丸 4 个，芝士丁 40 克，南瓜、蛋黄液、沙拉酱、食用油各适量

做法

❶ 在温水碗中倒入酵母粉，搅打一会儿，至其混合均匀。
❷ 取一个大碗，倒入高筋面粉、低筋面粉、盐、糖。
❸ 搅拌均匀，倒入橄榄油和酵母水，用橡皮刮刀拌匀。
❹ 用手揉搓一会儿，至其成为光滑的面团。
❺ 将面团放入碗中，盖上保鲜膜，发酵约 15 分钟。
❻ 揭开保鲜膜，将面团取出。
❼ 将面团用擀面杖擀成烤盘大小，制成披萨底。
❽ 将烤盘底部刷上一层橄榄油，放入披萨底，用手调整大小。
❾ 用叉子在表面戳几个小孔，将其放入烤箱中。
❿ 待发酵好后，将面团取出，在表面刷上一层食用油。
⓫ 将鱼丸切成块，南瓜洗净切成片，待用。
⓬ 将披萨面皮上刷上一层蛋黄液，铺放上切好的南瓜和鱼丸。
⓭ 撒上芝士丁，制成披萨生坯，放入烤箱。
⓮ 以上、下火 200℃烤 10 分钟取出，淋上沙拉酱即可。

上火 200℃
下火 200℃
10 分钟

鱿鱼培根披萨

扫一扫，看视频

面皮

高筋面粉 170 克，酵母粉 3 克，盐 2 克，糖 8 克，色拉油 8 毫升

馅料

鱿鱼 30 克，青椒丝、黄椒丝各 10 克，培根片 50 克，蛋液 25 克，番茄酱、芝士碎、食用油各适量

做法

1. 取一个大碗，倒入高筋面粉，加入盐、糖，搅拌匀。
2. 温水碗中倒入酵母粉，搅打一会儿，至其混合均匀。
3. 将酵母水倒入面粉碗中，加入色拉油，用橡皮刮刀拌匀。
4. 用手揉搓一会儿，至其成为光滑的面团。
5. 将面团放入碗中，盖上保鲜膜发酵 15 分钟左右。
6. 揭开保鲜膜，将面团取出。
7. 将面团用擀面杖擀成 10 寸大小，制成披萨底。
8. 将披萨底放入刷好食用油的烤盘中，用手调整大小。
9. 用叉子在表面戳几个小孔，将其放入烤箱中。
10. 待发酵好后，将面团取出。
11. 将蛋液用刷子均匀地涂抹在发酵好的披萨面皮上，再铺上一层芝士碎。
12. 依次将黄椒丝、青椒丝、鱿鱼、培根片摆放在面皮上，再撒上适量芝士碎，制成披萨生坯。
13. 将披萨生坯放入预热好的烤箱中，以上、下火 200℃烤 15 分钟。
14. 取出烤好的披萨，在表面呈“之”字形挤上适量番茄酱即可。

上火 200℃

下火 200℃

15 分钟

红烧鸡肉披萨

面皮

高筋面粉 200 克，酵母 3 克，盐 1 克，白糖 10 克，黄奶油 20 克，鸡蛋 1 个

馅料

青椒粒、红椒粒、洋葱丁各 20 克，红烧鸡肉块 40 克，芝士适量

做法

❶高筋面粉倒在案台上，用刮板开窝，加入水、白糖、酵母、盐，搅匀。
❷放入鸡蛋，搅散，刮入高筋面粉，倒入黄奶油，混匀，揉成面团。
❸ 取面团，用擀面杖擀成圆饼状面皮，放入披萨圆盘中，稍加修整。
❹ 用叉子在面皮上均匀地扎出小孔，放置常温下发酵 1 小时。
❺ 发酵好的面皮上撒入洋葱丁、青椒粒、红椒粒，加入红烧鸡肉块，撒上芝士，制成披萨生坯。
❻ 预热烤箱，将温度调至上、下火 220℃。
❼ 将披萨生坯放入烤箱中，烤 15 分钟，取出切块即可。

上火 220℃
下火 220℃
15 分钟

黑椒鸡肉披萨

上火 200℃
下火 200℃
10 分钟

面皮

高筋面粉 46 克，低筋面粉 13 克，酵母粉 2 克，盐、糖各 5 克，橄榄油 5 毫升

馅料

芝士丁50克，鸡肉块40克，彩椒丁、洋葱丁各少许，黑胡椒酱、食用油各适量

做法

❶ 在温水碗中倒入酵母粉，搅打一会儿，至其混合均匀。
❷ 取一个大碗，倒入高筋面粉、低筋面粉、盐、糖。
❸ 搅拌均匀，倒入橄榄油和酵母水，用橡皮刮刀拌匀。
❹ 用手揉搓一会儿，至其成为光滑的面团。
❺ 将面团放入碗中，盖上保鲜膜，发酵约 15 分钟。
❻ 揭开保鲜膜，将面团取出。
❼ 将面团用擀面杖擀成烤盘大小，制成披萨底。
❽ 将烤盘底部刷上一层橄榄油，放入披萨底，用手调整大小。
❾ 用叉子在表面戳几个小孔，将其放入烤箱中。
❿ 待发酵好后，将面团取出，在表面刷上一层食用油。
⓫ 将鸡肉块铺放在面皮上，撒上芝士丁、彩椒丁、洋葱丁，制成披萨生坯。
⓬ 放入烤箱，以上、下火 200℃烤 10 分钟，取出，淋上黑胡椒酱即可。

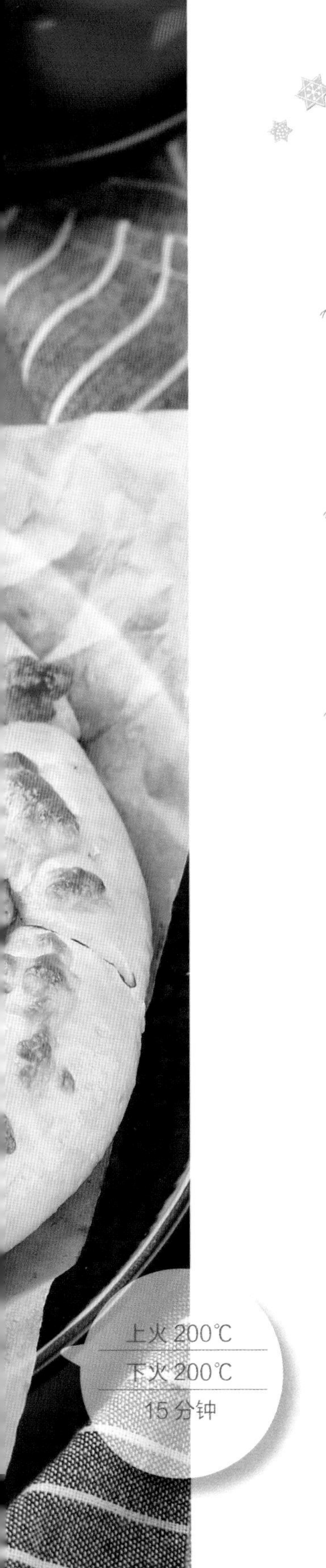

奥尔良烤鸡肉披萨

面皮

高筋面粉 200 克，酵母 3 克，盐 1 克，白糖 10 克，黄奶油 20 克，鸡蛋 1 个

馅料

青椒粒、红椒粒、洋葱丝各 40 克，奥尔良鸡腿 80 克，芝士适量

做法

❶ 高筋面粉倒在案台上，用刮板开窝，加入水、白糖、酵母、盐，搅匀。
❷ 放入鸡蛋，搅散，刮入高筋面粉，倒入黄奶油，混匀，揉成面团。
❸ 取面团，用擀面杖擀成圆饼状面皮，放入披萨圆盘中，稍加修整。
❹ 用叉子在面皮上均匀地扎出小孔，放置常温下发酵 1 小时。
❺ 烤盘上涂一层黄奶油，放入奥尔良鸡腿，以上、下火 220℃烤至五六成熟，取出切块。
❻ 发酵好的面皮上撒入洋葱丝、青椒粒、红椒粒，加入鸡肉块，撒上芝士，制成披萨生坯。
❼ 预热烤箱，将温度调至上、下火 200℃。
❽ 将披萨生坯放入烤箱中，烤 15 分钟即可。

风味黑椒牛肉披萨

面皮

高筋面粉 170 克，酵母粉 3 克，盐 2 克，糖 8 克，色拉油 8 毫升

馅料

青椒丁、洋葱丁各 20 克，牛肉 40 克，芝士碎、蛋液、黑胡椒酱、食用油各适量

做法

❶ 取一个大碗，倒入高筋面粉，加入盐、糖，搅拌匀。
❷ 温水碗中倒入酵母粉，搅打一会儿，至其混合均匀。
❸ 将酵母水倒入面粉碗中，加入色拉油，用橡皮刮刀拌匀。
❹ 用手揉搓一会儿，至其成为光滑的面团。
❺ 将面团放入碗中，盖上保鲜膜，发酵约 15 分钟。
❻ 揭开保鲜膜，将面团取出。
❼ 将面团用擀面杖擀成 10 寸大小，制成披萨底。
❽ 将披萨底放入刷好食用油的烤盘中，用手调整大小。
❾ 用叉子在表面戳几个小孔，将其放入烤箱中。
❿ 待发酵好后，将面团取出。
⓫ 发酵好的面皮上涂上蛋液，撒上青椒丁和洋葱丁。
⓬ 放入牛肉，再撒入适量芝士碎，制成披萨生坯。
⓭ 将披萨生坯放入烤箱中，以上、下火 200℃ 烤 10 分钟。
⓮ 取出烤好的披萨，淋上适量黑胡椒酱即可。

上火 200℃
下火 200℃
10 分钟

奥尔良风味披萨

扫一扫，看视频

面皮

高筋面粉 200 克，黄奶油 20 克，鸡蛋 1 个，酵母 3 克，盐 1 克，白糖 10 克

馅料

芝士丁、玉米粒、青椒粒、红椒粒、洋葱丝各 40 克，瘦肉丝 50 克

做法

❶ 高筋面粉倒在案台上，用刮板开窝，加入水、白糖、酵母、盐，搅匀。

❷ 放入鸡蛋，搅散，刮入高筋面粉，倒入黄奶油，混匀，揉成面团。

❸ 取面团，用擀面杖擀成圆饼状面皮，放入披萨圆盘中，稍加修整。

❹ 用叉子在面皮上均匀地扎出小孔，放置常温下发酵 1 小时。

❺ 发酵好的面皮上撒入玉米粒、洋葱丝、青椒粒、红椒粒。

❻ 加入瘦肉丝，撒上芝士丁，制成披萨生坯。

❼ 预热烤箱，将温度调至上、下火 200℃。

❽ 将披萨生坯放入烤箱中，烤 10 分钟即可。

意大利披萨

扫一扫，看视频

面皮

高筋面粉 200 克，酵母 3 克，盐 1 克，白糖 10 克，黄奶油 20 克，鸡蛋 1 个

馅料

炼乳20克，芝士丁、洋葱丝各40克，黄椒粒、红椒粒、香菇片、白糖各30克，虾仁60克，鸡蛋1个，番茄酱适量

做法

❶ 高筋面粉倒在案台上，用刮板开窝，加入水、白糖、酵母、盐，搅匀。

❷ 放入鸡蛋，搅散，刮入高筋面粉，倒入黄奶油，混匀，揉成面团。

❸ 取面团，用擀面杖擀成圆饼状面皮，放入披萨圆盘中，稍加修整。

❹ 用叉子在面皮上均匀地扎出小孔，放置常温下发酵 1 小时。

❺ 发酵好的面皮上放上番茄酱、香菇片、蛋液、虾仁、红椒粒、白糖、洋葱丝、黄椒粒。

❻ 淋入炼乳、芝士丁，制成披萨生坯，放入烤箱，以上、下火 200℃烤 10 分钟即可。

上火 200℃
下火 190℃
5 分钟
SUPOR

吐司披萨

扫一扫，看视频

面皮

吐司 30 克

馅料

火腿肠、芝士碎各 30 克，圆椒、红彩椒、口蘑片各 10 克，奶酪片 15 克

做法

❶ 将吐司放在烤盘上，再往吐司上铺上奶酪片、圆椒、红彩椒。

❷ 摆放上口蘑片、火腿肠。

❸ 撒上芝士碎，待用。

❹ 将烤盘放入烤箱中，关上箱门。

❺ 将上火温度调至 200℃，下火温度调至 190℃，烤 5 分钟。

❻ 打开箱门，取出烤盘，将烤好的披萨装入备好的盘中即可。

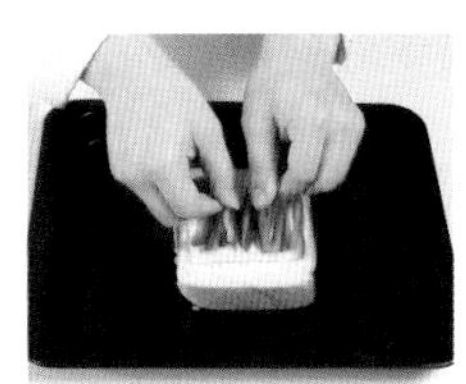

1

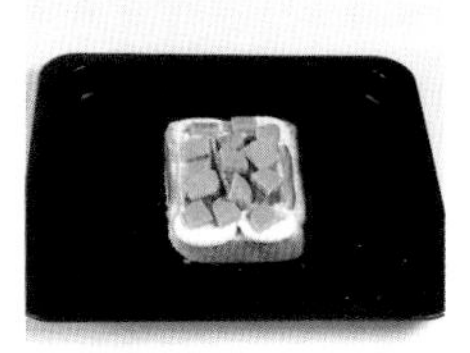

2

3

4

5

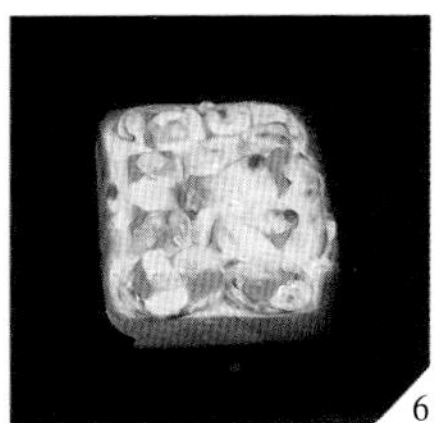

6

Part 4

进阶披萨，尽享幸福食光

进阶披萨层出不穷、花样繁多，

在一层层含有黄油、芝士的面皮里，

藏着扎实饱满的美味馅料。

尽享幸福食光，

不仅在于自己一点一滴的进步，

更蕴藏于自己动手制作的

营养美味、颜值颇高的披萨中！

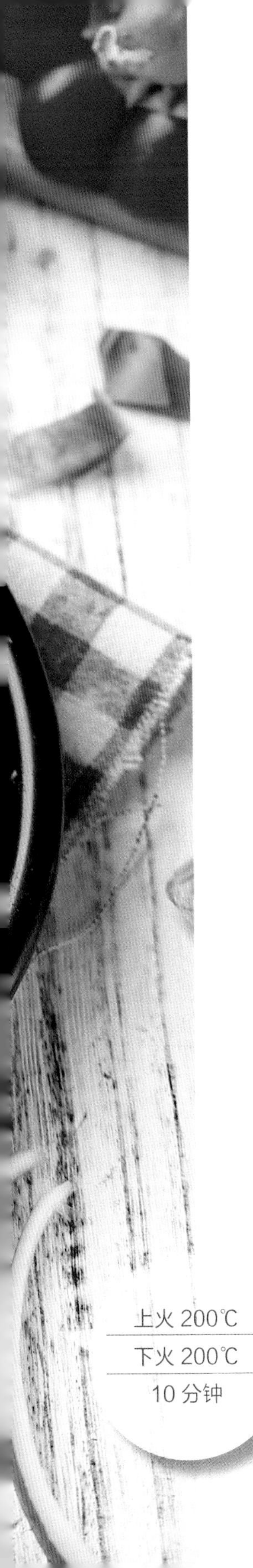

杂蔬披萨

扫一扫，看视频

面皮

中筋面粉 320 克，酵母粉 5 克，盐 3 克，糖 15 克，玉米油 15 毫升

馅料

切好的西蓝花、洋葱丝各 30 克，芝士丁 40 克，玉米粒、红椒丁、沙拉酱、番茄酱、食用油各适量

做法

❶ 在温水碗中倒入酵母粉，搅打一会儿，至其混合均匀。
❷ 取一个大碗，倒入中筋面粉、盐、糖。
❸ 加入玉米油和酵母水，用橡皮刮刀拌匀。
❹用手揉搓一会儿，至其成为光滑的面团。
❺ 将面团放入碗中，盖上保鲜膜，发酵约 15 分钟。
❻ 揭开保鲜膜，将面团取出。
❼ 将面团用擀面杖擀成 7 寸大小，制成披萨底。
❽ 在烤盘底部刷上一层食用油，放入披萨底，用手调整大小。
❾ 用叉子在表面戳几个小孔，将其放入烤箱中。
❿ 待发酵好后，将面团取出，在表面刷上一层食用油。
⓫ 发酵好的面皮上撒上一层芝士丁，放上切好的西蓝花。
⓬ 撒上洋葱丝、玉米粒和红椒丁，再加入芝士丁。
⓭ 预热烤箱，将温度调至上、下火 200℃。
⓮ 将披萨生坯放入烤箱中，烤 10 分钟后取出。
⓯ 依次淋上番茄酱和沙拉酱即可。

上火 200℃
下火 200℃
10 分钟

香菇杂蔬披萨

扫一扫，看视频

面皮

高筋面粉 46 克，低筋面粉 13 克，酵母粉 2 克，盐、糖各 5 克，橄榄油 5 毫升

馅料

香菇、培根各 50 克，青椒、红椒各 30 克，洋葱 20 克，马苏里拉芝士、披萨酱、食用油各适量

做法

❶ 在温水碗中倒入酵母粉，搅打一会儿，至其混合均匀。
❷ 取一个大碗，倒入高筋面粉、低筋面粉、盐、糖。
❸ 搅拌均匀，倒入橄榄油和酵母水，用橡皮刮刀拌匀。
❹ 用手揉搓一会儿，至其成为光滑的面团。
❺ 将面团放入碗中，盖上保鲜膜，发酵约 15 分钟。
❻ 揭开保鲜膜，将面团取出。
❼ 将面团用擀面杖擀成烤盘大小，制成披萨底。
❽ 将烤盘底部刷上一层橄榄油，放入披萨底，用手调整大小。
❾ 用叉子在表面戳几个小孔，将其放入烤箱中。
❿ 待发酵好后，将面团取出，在表面刷上一层食用油。
⓫ 在面团上均匀铺上一层披萨酱，撒上香菇。
⓬ 再放入培根、青椒、红椒、洋葱，撒上马苏里拉芝士。
⓭ 放进预热好的烤箱，以上、下火 220℃，烤 12 分钟即可。

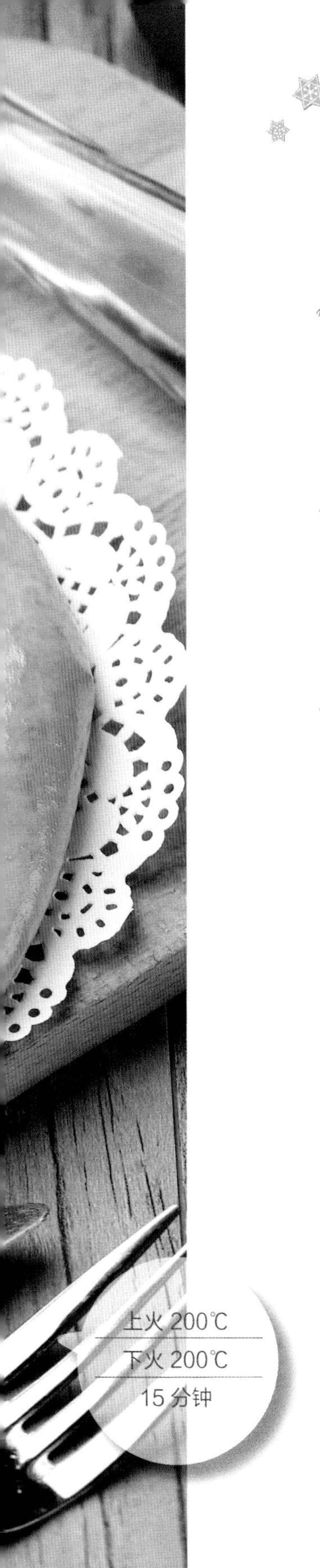

菠菜圣女果素食披萨

面皮

高筋面粉 200 克，酵母 3 克，盐 1 克，白糖 10 克

馅料

菠菜 40 克，圣女果、芝士各适量

做法

❶ 高筋面粉倒在案台上，用刮板开窝，加入水、白糖、酵母、盐，搅匀。
❷ 刮入高筋面粉，混匀，揉成光滑的面团。
❸ 取面团，用擀面杖擀成圆饼状面皮，放入披萨圆盘中，稍加修整。
❹ 用叉子在面皮上均匀地扎出小孔，放置常温下发酵 1 小时。
❺ 圣女果洗净，切成圈；菠菜撕开，待用。
❻ 发酵好的面皮上撒入芝士，铺上菠菜，再撒上圣女果圈，制成披萨生坯。
❼ 预热烤箱，将温度调至上、下火 200℃。
❽ 将披萨生坯放入烤箱中，烤 15 分钟即可。

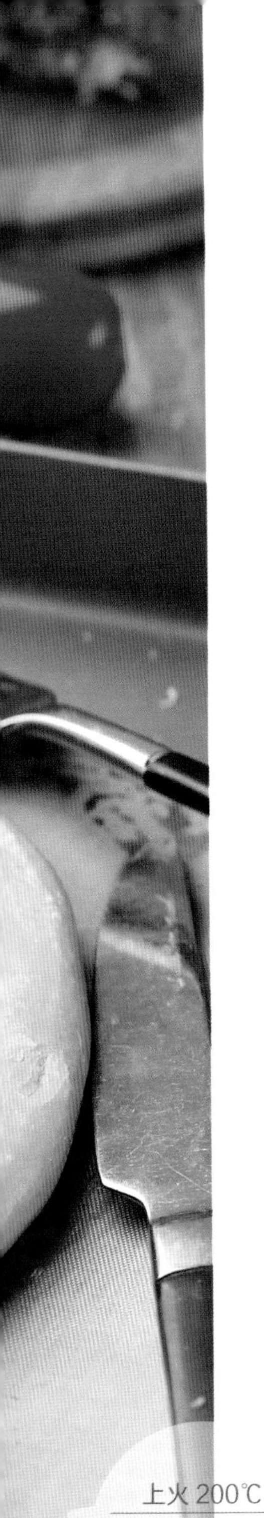

西蓝花圣女果披萨

面皮

高筋面粉 200 克，黄奶油 20 克，酵母 3 克，盐 1 克，白糖 10 克

馅料

芝士丁40克，西蓝花、圣女果各50克，五花肉20克

做法

❶ 高筋面粉倒在案台上，用刮板开窝，加入水、白糖、酵母、盐，搅匀。

❷ 刮入高筋面粉，倒入黄奶油，混匀，揉成面团。

❸ 取面团，用擀面杖擀成圆饼状面皮，放入披萨圆盘中，稍加修整。

❹ 用叉子在面皮上均匀地扎出小孔，放置常温下发酵 30 分钟。

❺ 西蓝花洗净，撕成小朵；圣女果洗净，切成圈；五花肉洗净，切片。

❻ 发酵好的面皮上铺一层西蓝花，撒上圣女果、五花肉片和芝士，制成披萨生坯。

❼ 预热烤箱，温度调至上、下火 200℃，烤 10 分钟，取出切块即可。

上火 200℃
下火 200℃
10 分钟

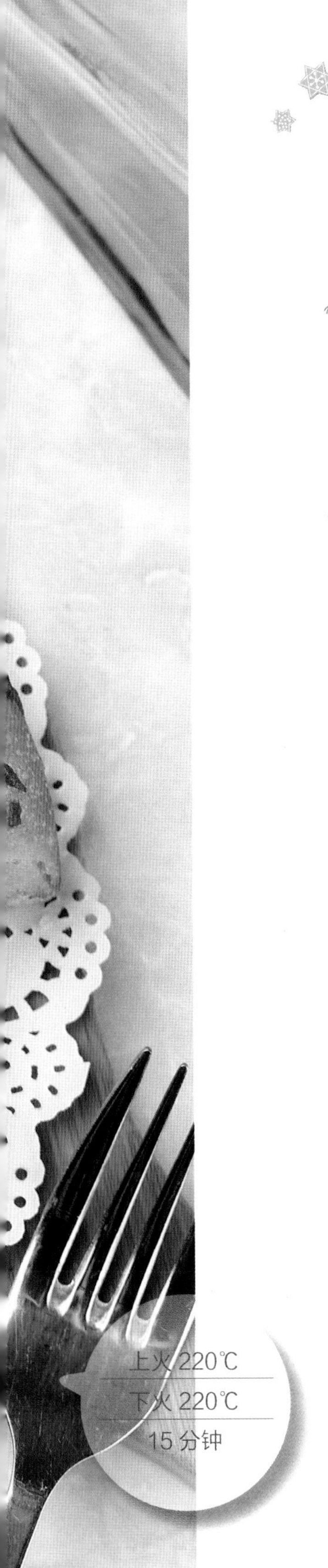

手工什锦披萨

面皮

高筋面粉 46 克，低筋面粉 13 克，酵母粉 2 克，盐、糖各 5 克，橄榄油 5 毫升

馅料

培根50克，鸡肉40克，青椒、红椒各30克，洋葱20克，马苏里拉芝士、披萨酱、食用油各适量

做法

❶ 在温水碗中倒入酵母粉，搅打一会儿，至其混合均匀。
❷ 取一个大碗，倒入高筋面粉、低筋面粉、盐、糖。
❸ 搅拌均匀，倒入橄榄油和酵母水，用橡皮刮刀拌匀。
❹ 用手揉搓一会儿，至其成为光滑的面团。
❺ 将面团放入碗中，盖上保鲜膜，发酵 15 分钟左右。
❻ 揭开保鲜膜，将面团取出。
❼ 将面团用擀面杖擀成烤盘大小，制成披萨底。
❽ 将烤盘底部刷上一层食用油，放入披萨底，用手调整大小。
❾ 用叉子在表面戳几个小孔，将其放入烤箱中。
❿ 待发酵好后，将面团取出，在表面刷上一层食用油。
⓫ 在面团上均匀铺上一层披萨酱，撒上鸡肉、培根。
⓬ 再放入青椒、红椒、洋葱，撒上马苏里拉芝士。
⓭ 放进预热好的烤箱，以上、下火 220℃，烤 15 分钟至表面金黄色即可。

地中海披萨

面皮

高筋面粉 200 克，黄奶油 20 克，酵母 3 克，盐 1 克，白糖 10 克

馅料

芝士丝 40 克，洋葱 30 克，洋菇 15 克，黑橄榄适量

做法

❶ 高筋面粉倒在案台上，用刮板开窝，加入水、白糖、酵母、盐，搅匀。

❷ 刮入高筋面粉，倒入黄奶油，混匀，揉成面团。

❸ 取面团，用擀面杖擀成圆饼状面皮，放入披萨圆盘中，稍加修整，做成花形披萨饼底。

❹ 用叉子在面皮上均匀地扎出小孔，放置常温下发酵 30 分钟。

❺ 将洋葱和洋菇洗净，切成丝；黑橄榄切成圈。

❻ 发酵好的面皮上均匀撒上洋葱丝、洋菇丝和黑橄榄，铺上芝士丝，制成披萨生坯。

❼ 预热烤箱，温度调至上、下火 200℃，烤 8 分钟，取出即可。

上火 200℃
下火 200℃
10 分钟

热带风情披萨

面皮

高筋面粉 200 克，酵母 3 克，盐 1 克，白糖 10 克

馅料

菠萝、虾仁各 60 克，芝士碎 40 克，番茄酱适量

做法

❶ 将备好的高筋面粉倒入碗中，待用。
❷ 取一个碗，倒入适量温水，加入水、白糖、酵母、盐，搅匀，倒入面粉中。
❸ 将面粉和水抓匀，用手揉搓成光滑的面团。
❹ 备好的菠萝去皮，用盐水泡一会儿，取出切成块，待用。
❺ 将洗好的虾仁从背部去除虾线，切成小块，待用。
❻ 取面团，用擀面杖擀成圆饼状面皮，放置常温下发酵1小时，再刷上一层番茄酱。
❼ 面皮上均匀撒入菠萝块和切好的虾仁，撒上芝士碎，制成披萨生坯。
❽ 预热烤箱，将温度调至上、下火200℃，放入披萨生坯，烤10分钟，切块即可。

1

2

3

4

5

6

7

8

面皮

高筋面粉 170 克，酵母粉 3 克，盐 2 克，糖 8 克，色拉油 8 毫升

馅料

火龙果丁、猕猴桃块、黄桃丁各 20 克，蜂蜜、芝士碎、沙拉酱各适量

做法

❶ 取一个大碗，倒入高筋面粉，加入盐、糖，搅拌匀。
❷ 温水碗中倒入酵母粉，搅打一会儿，至其混合均匀。
❸ 将酵母水倒入面粉碗中，加入色拉油，用橡皮刮刀拌匀。
❹ 用手揉搓一会儿，至其成为光滑的面团。
❺ 将面团放入碗中，盖上保鲜膜，发酵约 15 分钟。
❻ 揭开保鲜膜，将面团取出。
❼ 将面团用擀面杖擀成 10 寸大小，制成披萨底。
❽ 将披萨底放入刷好色拉油的烤盘中，用手调整大小。
❾ 用叉子在表面戳几个小孔，将其放入烤箱中。
❿ 待发酵好后，将面团取出。
⓫ 发酵好的面皮上刷上一层蜂蜜，撒上火龙果丁、猕猴桃块、黄桃丁。
⓬ 撒上适量芝士碎，制成披萨生坯。
⓭ 放入烤箱，温度调至上、下火 200℃，烤 10 分钟，取出淋上沙拉酱即可。

火龙果菠萝披萨

扫一扫，看视频

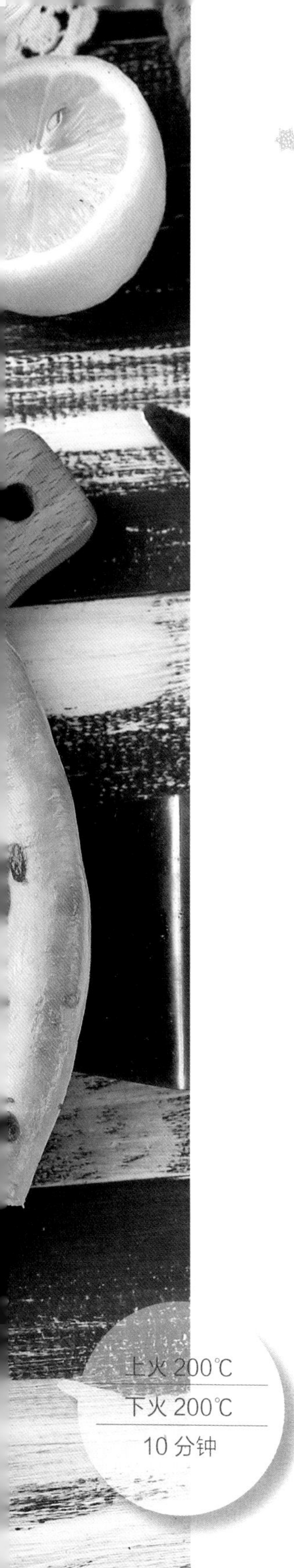

上火 200℃
下火 200℃
10 分钟

面皮

高筋面粉 170 克，酵母粉 3 克，盐 2 克，糖 8 克，色拉油 8 毫升

馅料

火龙果片、菠萝块各 40 克，樱桃 5 个，蜂蜜、芝士碎各适量

做法

❶ 取一个大碗，倒入高筋面粉，加入盐、糖，搅拌匀。
❷ 温水碗中倒入酵母粉，搅打一会儿，至其混合均匀。
❸ 将酵母水倒入面粉碗中，加入色拉油，用橡皮刮刀拌匀。
❹ 用手揉搓一会儿，至其成为光滑的面团。
❺ 将面团放入碗中，盖上保鲜膜，发酵约 15 分钟。
❻ 揭开保鲜膜，将面团取出。
❼ 将面团用擀面杖擀成 10 寸大小，制成披萨底。
❽ 将披萨底放入刷好色拉油的烤盘中，用手调整大小。
❾ 用叉子在表面戳几个小孔，将其放入烤箱中。
❿ 待发酵好后，将面团取出。
⓫ 发酵好的面皮上刷上一层蜂蜜，撒上菠萝块和火龙果片。
⓬ 摆放上备好的樱桃，撒上适量芝士碎，制成披萨生坯。
⓭ 放入烤箱，温度调至上、下火 200℃，烤 10 分钟，取出即可。

芝士榴莲披萨

面皮

高筋面粉 60 克，盐 2 克，酵母粉 3 克，白糖 15 克，橄榄油适量

馅料

榴莲、芝士碎各 50 克

做法

❶ 高筋面粉倒在案台上，用刮板开窝，倒入酵母粉、盐、白糖，搅匀。

❷ 加入橄榄油、温水，刮入高筋面粉，混匀，用手反复揉搓，揉成光滑的面团。

❸ 将揉好的面团压扁，用擀面杖擀成圆饼状面皮，放入披萨圆盘中，稍加修整。

❹ 用叉子在面皮上均匀地扎出小孔，放置常温下发酵 2 小时。

❺ 将备好的榴莲撕成小块，待用。

❻ 将榴莲块均匀铺放在披萨面皮上，再撒上芝士碎，制成披萨生坯。

❼ 备好烤箱，放入披萨生坯，以上火 200℃、下火 190℃，烤 12 分钟即可。

玉米培根披萨

扫一扫，看视频

面皮

中筋面粉 320 克，酵母粉 5 克，盐 3 克，糖 15 克，玉米油 15 毫升

馅料

芝士丁 40 克，培根片 60 克，玉米粒、沙拉酱、番茄酱、食用油各适量

做法

1. 在温水碗中倒入酵母粉，搅打一会儿，至其混合均匀。
2. 取一个大碗，倒入中筋面粉、盐、糖。
3. 加入玉米油和酵母水，用橡皮刮刀拌匀。
4. 用手揉搓一会儿，至其成为光滑的面团。
5. 将面团放入碗中，盖上保鲜膜，发酵约 15 分钟。
6. 揭开保鲜膜，将面团取出。
7. 将面团用擀面杖擀成 7 寸大小，制成披萨底。
8. 将烤盘底部刷上一层食用油，放入披萨底，用手调整大小。
9. 用叉子在表面戳几个小孔，将其放入烤箱中。
10. 待发酵好后，将面团取出，在表面刷上一层食用油。
11. 发酵好的面皮上铺一层玉米粒，撒上培根片和芝士丁，制成披萨生坯。
12. 预热烤箱，温度调至上、下火 200℃，烤 10 分钟取出。
13. 将烤好的披萨淋上番茄酱和沙拉酱即可。

火腿培根披萨

面皮

中筋面粉 320 克，酵母粉 5 克，盐 3 克，糖 15 克，玉米油 15 毫升

馅料

芝士丁、培根各 40 克，火腿粒 50 克，青椒丁、黄椒丁、洋葱丁各 10 克，食用油适量

做法

❶ 在温水碗中倒入酵母粉，搅打一会儿，至其混合均匀。
❷ 取一个大碗，倒入中筋面粉、盐、糖。
❸ 加入玉米油和酵母水，用橡皮刮刀拌匀。
❹ 用手揉搓一会儿，至其成为光滑的面团。
❺ 将面团放入碗中，盖上保鲜膜，发酵约 15 分钟。
❻ 揭开保鲜膜，将面团取出。
❼ 将面团用擀面杖擀成 7 寸大小，制成披萨底。
❽ 将烤盘底部刷上一层食用油，放入披萨底，用手调整大小。
❾ 用叉子在表面戳几个小孔，将其放入烤箱中。
❿ 待发酵好后，将面团取出，在表面刷上一层食用油。
⓫ 发酵好的面皮先撒入培根、火腿粒，后均匀撒上芝士丁、青椒丁、黄椒丁、洋葱丁，制成披萨生坯。
⓬ 将披萨生坯放入烤箱中，以上、下火 200℃烤 15 分钟即可。

尖椒火腿披萨

扫一扫，看视频

面皮

高筋面粉 46 克，低筋面粉 13 克，酵母粉 2 克，盐、糖各 5 克，橄榄油 5 毫升

馅料

火腿片 50 克，青椒丝、红椒丝各 15 克，芝士碎、食用油各适量

做法

❶ 在温水碗中倒入酵母粉，搅打一会儿，至其混合均匀。
❷ 取一个大碗，倒入高筋面粉、低筋面粉、盐、糖。
❸ 搅拌均匀，倒入橄榄油和酵母水，用橡皮刮刀拌匀。
❹ 用手揉搓一会儿，至其成为光滑的面团。
❺ 将面团放入碗中，盖上保鲜膜发酵 15 分钟左右。
❻ 揭开保鲜膜，将面团取出。
❼ 将面团用擀面杖擀成烤盘大小，制成披萨底。
❽ 将烤盘底部刷上一层食用油，放入披萨底，用手调整大小。
❾ 用叉子在表面戳几个小孔，将其放入烤箱中。
❿ 待发酵好后，将面团取出，在表面刷上一层食用油。
⓫ 在发酵好的面皮上均匀铺上一层芝士碎，摆上火腿片。
⓬ 均匀地摆上红椒丝、青椒丝，再撒上适量芝士碎，制成披萨生坯。
⓭ 将披萨生坯放入预热好的烤箱中，以上、下火 200℃烤 15 分钟至表面金黄即可。

上火 200℃
下火 200℃
15 分钟

玉米火腿披萨

扫一扫，看视频

面皮

中筋面粉 320 克，酵母粉 5 克，盐 3 克，糖 15 克，玉米油 15 毫升

馅料

芝士丁、玉米粒各 40 克，火腿粒 50 克，食用油适量

做法

❶ 在温水碗中倒入酵母粉，搅打一会儿，至其混合均匀。
❷ 取一个大碗，倒入中筋面粉、盐、糖。
❸ 加入玉米油和酵母水，用橡皮刮刀拌匀。
❹ 用手揉搓一会儿，至其成为光滑的面团。
❺ 将面团放入碗中，盖上保鲜膜，发酵约 15 分钟。
❻ 揭开保鲜膜，将面团取出。
❼ 将面团用擀面杖擀成 7 寸大小，制成披萨底。
❽ 将烤盘底部刷上一层食用油，放入披萨底，用手调整大小。
❾ 用叉子在表面戳几个小孔，将其放入烤箱中。
❿ 待发酵好后，将面团取出，在表面刷上一层食用油。
⓫ 发酵好的面皮上撒入玉米粒、火腿粒、芝士丁，制成披萨生坯。
⓬ 将披萨生坯放入烤箱中，以上、下火 200℃烤 15 分钟，取出即可。

上火 200℃
下火 200℃
15 分钟

南瓜培根披萨

扫一扫，看视频

面皮

中筋面粉 320 克，酵母粉 5 克，盐 3 克，糖 15 克，玉米油 15 毫升

馅料

芝士丁 40 克，培根片 60 克，蛋液、南瓜丁、食用油各适量

做法

1. 在温水碗中倒入酵母粉，搅打一会儿，至其混合均匀。
2. 取一个大碗，倒入中筋面粉、盐、糖。
3. 加入玉米油和酵母水，用橡皮刮刀拌匀。
4. 用手揉搓一会儿，至其成为光滑的面团。
5. 将面团放入碗中，盖上保鲜膜，发酵约 15 分钟。
6. 揭开保鲜膜，将面团取出。
7. 将面团用擀面杖擀成 7 寸大小，制成披萨底。
8. 将烤盘底部刷上一层食用油，放入披萨底，用手调整大小。
9. 用叉子在表面戳几个小孔，将其放入烤箱中。
10. 待发酵好后，将面团取出，在表面刷上一层食用油。
11. 发酵好的面皮上刷上一层蛋液，铺一层南瓜丁。
12. 撒上培根片和芝士丁，制成披萨生坯。
13. 放入烤箱，以上、下火200℃，烤12分钟，取出即可。

上火 200℃
下火 200℃
15 分钟

火腿香菇披萨

面皮

高筋面粉200克，黄奶油20克，鸡蛋1个，酵母3克，盐1克，白糖10克

馅料

洋葱丝、玉米粒、香菇片各30克，芝士丁、青椒粒各40克，火腿粒50克，西红柿片45克

做法

❶ 高筋面粉倒在案台上，用刮板开窝，加入水、白糖、酵母、盐，搅匀。

❷ 放入鸡蛋，搅散，刮入高筋面粉，倒入黄奶油，混匀，揉成面团。

❸ 取面团，用擀面杖擀成圆饼状面皮，放入披萨圆盘中，稍加修整。

❹ 用叉子在面皮上均匀地扎出小孔，放置常温下发酵 1 小时。

❺ 发酵好的面皮上撒入玉米粒、火腿粒、香菇片、洋葱丝。

❻ 放入青椒粒、西红柿片，均匀撒上芝士丁，制成披萨生坯。

❼ 预热烤箱，将温度调至上、下火200℃。

❽ 将披萨生坯放入烤箱中，烤 15 分钟即可。

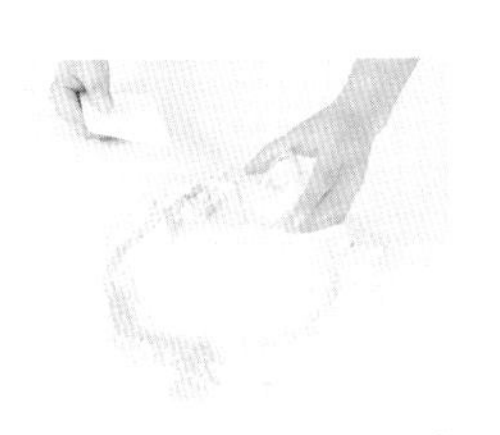
1

2

3

4

5

6

7

8

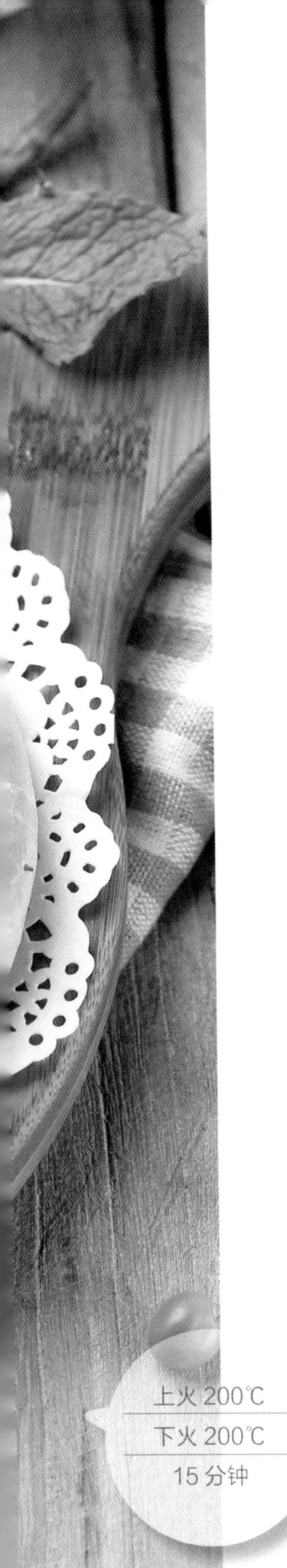

青豆火腿披萨

扫一扫，看视频

面皮

中筋面粉 320 克，酵母粉 5 克，盐 3 克，糖 15 克，玉米油 15 毫升

馅料

芝士丁、青豆各 40 克，火腿粒 50 克，食用油适量

做法

❶ 在温水碗中倒入酵母粉，搅打一会儿，至其混合均匀。
❷ 取一个大碗，倒入中筋面粉、盐、糖。
❸ 加入玉米油和酵母水，用橡皮刮刀拌匀。
❹ 用手揉搓一会儿，至其成为光滑的面团。
❺ 将面团放入碗中，盖上保鲜膜，发酵约 15 分钟。
❻ 揭开保鲜膜，将面团取出。
❼ 将面团用擀面杖擀成 7 寸大小，制成披萨底。
❽ 将烤盘底部刷上一层食用油，放入披萨底，用手调整大小。
❾ 用叉子在表面戳几个小孔，将其放入烤箱中。
❿ 待发酵好后，将面团取出，在表面刷上一层食用油。
⓫ 发酵好的面皮先撒入青豆、火腿粒，后均匀撒上芝士丁，制成披萨生坯。
⓬ 将披萨生坯放入烤箱中，以上、下火 200℃烤 15 分钟即可。

上火 200℃
下火 200℃
15 分钟

鲜虾西蓝花披萨

扫一扫，看视频

面皮

高筋面粉 46 克，低筋面粉 13 克，酵母粉 2 克，盐、糖各 5 克，橄榄油 5 毫升

馅料

西蓝花 60 克（提前洗净，切成小朵），虾仁 40 克（提前洗净，去除虾线），芝士碎、圣女果、食用油各适量

做法

❶ 在温水碗中倒入酵母粉，搅打一会儿，至其混合均匀。
❷ 取一个大碗，倒入高筋面粉、低筋面粉、盐、糖。
❸ 搅拌均匀，倒入橄榄油和酵母水，用橡皮刮刀拌匀。
❹ 用手揉搓一会儿，至其成为光滑的面团。
❺ 将面团放入碗中，盖上保鲜膜发酵 15 分钟左右。
❻ 揭开保鲜膜，将面团取出。
❼ 将面团用擀面杖擀成烤盘大小，制成披萨底。
❽ 将烤盘底部刷上一层食用油，放入披萨底，用手调整大小。
❾ 用叉子在表面戳几个小孔，将其放入烤箱中。
❿ 待发酵好后，将面团取出，在表面刷上一层食用油。
⓫ 在发酵好的面皮上铺一层芝士碎，摆上提前备好的西蓝花、虾仁、圣女果。
⓬ 再在表面撒上适量芝士碎，制成披萨生坯。
⓭ 将披萨生坯放入预热好的烤箱，以上、下火 200℃，烤 10 ~ 15 分钟即可。

西蓝花牛肉披萨

扫一扫，看视频

面皮

中筋面粉 320 克，酵母粉 5 克，盐 3 克，糖 15 克，玉米油 15 毫升

馅料

西蓝花 60 克，牛肉、玉米粒各 40 克，圣女果片 20 克，黑胡椒粉、芝士碎、沙拉酱、食用油各适量

做法

❶ 在温水碗中倒入酵母粉，搅打一会儿，至其混合均匀。
❷ 取一个大碗，倒入中筋面粉、盐、糖。
❸ 加入玉米油和酵母水，用橡皮刮刀拌匀。
❹ 用手揉搓一会儿，至其成为光滑的面团。
❺ 将面团放入碗中，盖上保鲜膜，发酵约 15 分钟。
❻ 揭开保鲜膜，将面团取出。
❼ 将面团用擀面杖擀成 7 寸大小，制成披萨底。
❽ 将烤盘底部刷上一层食用油，放入披萨底，用手调整大小。
❾ 用叉子在表面戳几个小孔，将其放入烤箱中。
❿ 待发酵好后，将面团取出，在表面刷上一层食用油。
⓫ 发酵好的面皮撒上玉米粒、圣女果片和切好的牛肉。
⓬ 放上西蓝花，撒上芝士碎和黑胡椒粉，制成披萨生坯。
⓭ 放入烤箱，以上、下火 200℃烤 22 分钟，取出，淋上沙拉酱即可。

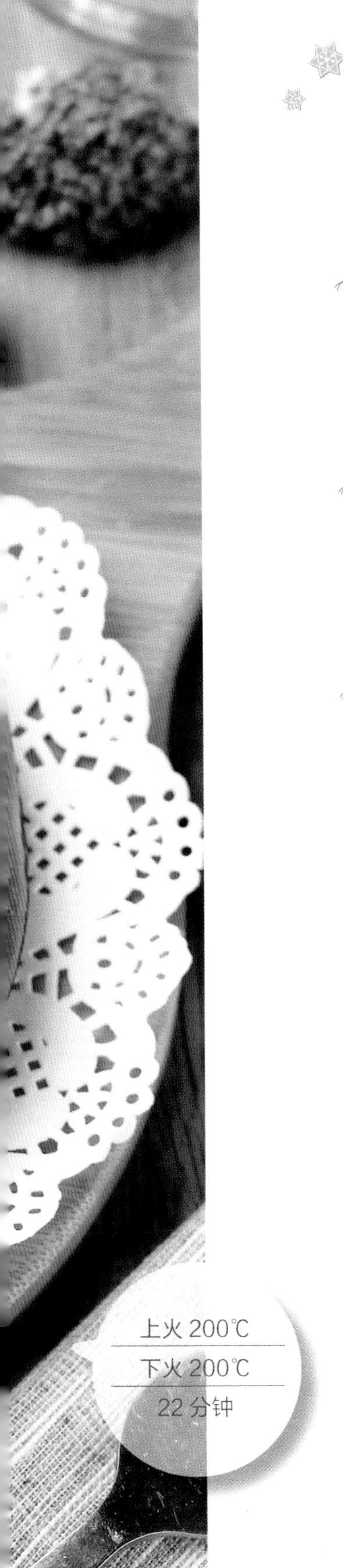

上火 200℃
下火 200℃
22 分钟

苦瓜肉酱披萨

面皮

高筋面粉 200 克，黄奶油 20 克，鸡蛋 1 个，酵母 3 克，盐 1 克，白糖 10 克

馅料

苦瓜 40 克，烤肉 30 克，芝士、烤肉酱各适量

做法

❶ 高筋面粉倒在案台上，用刮板开窝，加入水、白糖、酵母、盐，搅匀。

❷ 放入鸡蛋，搅散，刮入高筋面粉，倒入黄奶油，混匀，揉成面团。

❸ 取面团，用擀面杖擀成圆饼状面皮，放入披萨圆盘中，稍加修整。

❹ 用叉子在面皮上均匀地扎出小孔，放置常温下发酵 1 小时。

❺ 苦瓜洗净，切成圈；烤肉切成块，待用。

❻ 发酵好的面皮上撒入芝士，铺上烤肉酱，再撒上苦瓜圈和烤肉，制成披萨生坯。

❼ 预热烤箱，将温度调至上、下火 200℃。

❽ 将披萨生坯放入烤箱中，烤 15 分钟即可。

大阪章鱼披萨

面皮

高筋面粉 46 克，低筋面粉 13 克，酵母粉 2 克，盐、糖各 5 克，橄榄油 5 毫升

馅料

章鱼 3 克，芝士丁 20 克，青椒丁、红椒丁、食用油各适量

做法

❶ 在温水碗中倒入酵母粉，搅打一会儿，至其混合均匀。
❷ 取一个大碗，倒入高筋面粉、低筋面粉、盐、糖。
❸ 搅拌均匀，倒入橄榄油和酵母水，用橡皮刮刀拌匀。
❹ 用手揉搓一会儿，至其成为光滑的面团。
❺ 将面团放入碗中，盖上保鲜膜，发酵约 15 分钟。
❻ 揭开保鲜膜，将面团取出。
❼ 将面团用擀面杖擀成烤盘大小，制成披萨底。
❽ 将烤盘底部刷上一层食用油，放入披萨底，用手调整大小。
❾ 用叉子在表面戳几个小孔，将其放入烤箱中。
❿ 待发酵好后，将面团取出，在表面刷上一层食用油。
⓫ 在披萨面皮上铺放上切好的章鱼，撒上红椒丁、青椒丁。
⓬ 撒上芝士丁，制成披萨生坯，放入烤箱。
⓭ 以上、下火 200℃烤 10 分钟，取出即可。

上火 200℃
下火 200℃
10 分钟

黑椒牛肉粒披萨

扫一扫，看视频

面皮

高筋面粉 170 克，酵母粉 3 克，盐 2 克，糖 8 克，色拉油 8 毫升

馅料

芝士丁、牛肉粒各 40 克，蛋液、黑胡椒粉、沙拉酱各适量

做法

❶ 取一个大碗，倒入高筋面粉，加入盐、糖，搅拌匀。
❷ 温水碗中倒入酵母粉，搅打一会儿，至其混合均匀。
❸ 将酵母水倒入面粉碗中，加入色拉油，用橡皮刮刀拌匀。
❹ 用手揉搓一会儿，至其成为光滑的面团。
❺ 将面团放入碗中，盖上保鲜膜，发酵约 15 分钟。
❻ 揭开保鲜膜，将面团取出。
❼ 将面团用擀面杖擀成 10 寸大小，制成披萨底。
❽ 将披萨底放入刷好油的烤盘中，用手调整大小。
❾ 用叉子在表面戳几个小孔，将其放入烤箱中。
❿ 待发酵好后，将面团取出。
⓫ 发酵好的面皮上涂上打散的蛋液，撒上芝士丁。
⓬ 放入牛肉粒，再撒入适量芝士丁和黑胡椒粉，制成披萨生坯。
⓭ 将披萨生坯放入烤箱中，以上、下火 200℃ 烤 10 分钟。
⓮ 取出烤好的披萨，淋上沙拉酱即可。

上火 200℃
下火 200℃
10 分钟

鲔鱼披萨

面皮

高筋面粉 200 克，酵母 3 克，盐 1 克，白糖 10 克

馅料

鲔鱼干 60 克，芝士碎 40 克，橄榄油、披萨酱、罗勒叶各适量

做法

❶ 将备好的高筋面粉倒入碗中，待用。

❷ 取一个碗，倒入适量温水，加入白糖、酵母、盐，搅匀，倒入面粉中。

❸ 将面粉和水抓匀，用手揉搓成光滑的面团。

❹ 取面团，用擀面杖擀成圆饼状面皮，放置常温下发酵 1 小时。

❺ 用勺子取适量披萨酱，均匀涂抹在披萨面饼上。

❻ 面皮上均匀撒入鲔鱼干和芝士碎，铺上罗勒叶，滴上橄榄油，制成披萨生坯。

❼ 预热烤箱，将温度调至上、下火 200℃，放入披萨生坯。

❽ 烤 10 分钟，取出烤好的披萨，切成块，装入盘中即可。

鸡蛋火腿披萨

扫一扫，看视频

面皮

高筋面粉 170 克，酵母粉 3 克，盐 2 克，糖 8 克，色拉油 8 毫升

馅料

鸡蛋 1 个，芝士碎 40 克，火腿片 60 克，番茄酱、黑胡椒粉各适量

做法

❶ 取一个大碗，倒入高筋面粉，加入盐、糖，搅拌匀。
❷ 温水碗中倒入酵母粉，搅打一会儿，至其混合均匀。
❸ 将酵母水倒入面粉碗中，加入色拉油，用橡皮刮刀拌匀。
❹ 用手揉搓一会儿，至其成为光滑的面团。
❺ 将面团放入碗中，盖上保鲜膜。
❻ 揭开保鲜膜，将面团取出。
❼ 将面团用擀面杖擀成 10 寸大小，制成披萨底。
❽ 将披萨底放入刷好油的烤盘中，用手调整大小。
❾ 用叉子在表面戳几个小孔，将其放入烤箱中。
❿ 待发酵好后，将面团取出。
⓫ 在发酵好的面皮上铺一层芝士碎。
⓬ 将鸡蛋打散成蛋液，均匀地淋在芝士上，并用刷子刷均匀。
⓭ 将火腿片均匀地摆放在面皮上，再撒上适量芝士碎。
⓮ 将披萨生坯放入预热好的烤箱中，以上、下火 200℃烤 10 分钟。
⓯ 在烤好的披萨表面撒上少许黑胡椒粉，呈“之”字形挤上适量番茄酱即可。

意大利培根披萨

扫一扫，看视频

面皮

多功能面包预拌粉 250 克，鸡蛋 1 个，牛奶 100 毫升，黄油 20 克，白砂糖 50 克，食盐 2.5 克，酵母粉 3 克

馅料

培根若干片，彩椒 50 克，马苏里拉芝士适量，番茄酱、沙拉酱各少许

做法

❶ 在面包机中依次放入多功能面包预拌粉、鸡蛋、白砂糖、黄油、牛奶、食盐、酵母粉。

❷ 用面包机充分搅拌成具有扩张性的面团，将其取出。

❸ 将揉好的面团放在砧板上，取 1/3 擀成长面饼，放入模具中整形，常温发酵 20 分钟。

❹ 将番茄酱挤入裱花袋中，挤在发酵好的面饼上。

❺ 依次铺上马苏里拉芝士、彩椒、培根，再挤上番茄酱。

❻ 放一层马苏里拉芝士，挤一层沙拉酱，最后再放一层马苏里拉芝士。

❼ 把披萨放入烤箱，以上火 170℃，下火 150℃，烤制 12 分钟后取出即可。

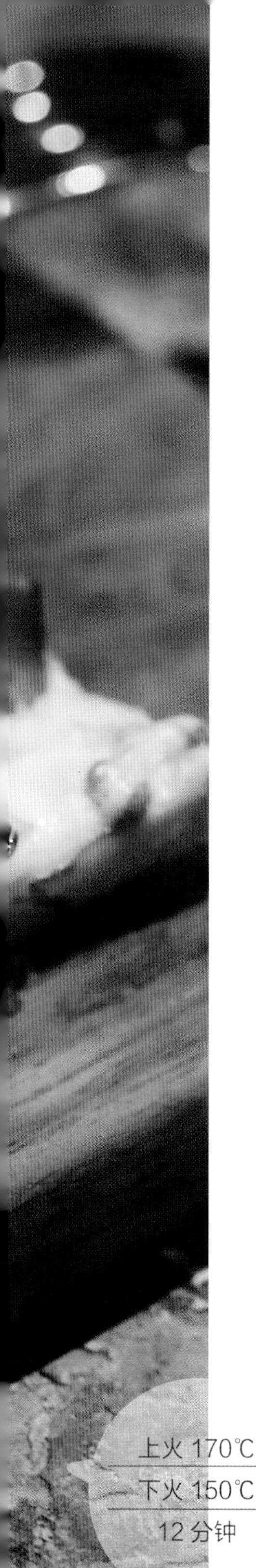

上火 170℃
下火 150℃
12 分钟

美式培根披萨

面皮

中筋面粉 320 克，酵母粉 5 克，盐 3 克，糖 15 克，玉米油 15 毫升

馅料

芝士丁 40 克，培根片 60 克，青椒丁、红椒丁各 20 克，洋葱丁、食用油各适量

做法

❶ 在温水碗中倒入酵母粉，搅打一会儿，至其混合均匀。
❷ 取一个大碗，倒入中筋面粉、盐、糖。
❸ 加入玉米油和酵母水，用橡皮刮刀拌匀。
❹ 用手揉搓一会儿，至其成为光滑的面团。
❺ 将面团放入碗中，盖上保鲜膜，发酵约 15 分钟。
❻ 揭开保鲜膜，将面团取出。
❼ 将面团用擀面杖擀成 7 寸大小，制成披萨底。
❽ 将烤盘底部刷上一层食用油，放入披萨底，用手调整大小。
❾ 用叉子在表面戳几个小孔，将其放入烤箱中。
❿ 待发酵好后，将面团取出，在表面刷上一层食用油。
⓫ 发酵好的面皮上铺上培根片，撒上青椒丁、红椒丁、洋葱丁。
⓬ 加入芝士丁，制成披萨生坯。
⓭ 放入烤箱，以上、下火 200℃，烤 12 分钟，取出即可。

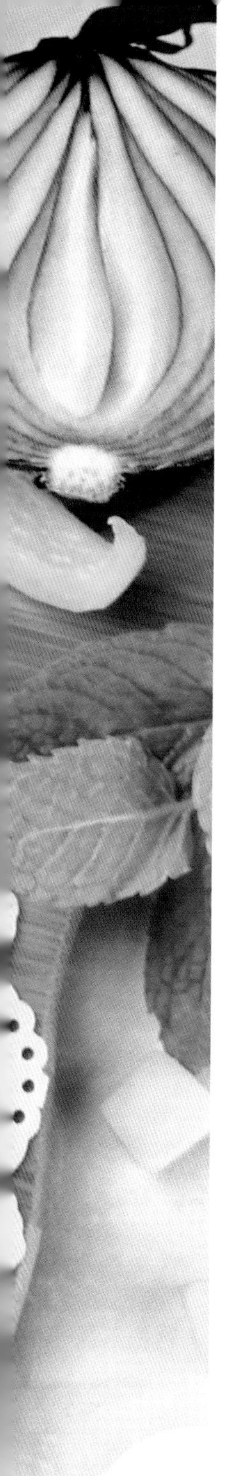

虾仁培根披萨

面皮

高筋面粉 60 克，盐 2 克，酵母粉 3 克，白糖 15 克，橄榄油适量

馅料

虾仁 30 克，青椒丁、黄椒丁、红椒丁各 20 克，芝士碎 10 克，洋葱丁、培根各少许，番茄酱适量

做法

❶ 高筋面粉倒在案台上，用刮板开窝，倒入酵母粉、盐、白糖，搅匀。

❷ 加入橄榄油、温水，刮入高筋面粉，混匀，用手反复揉搓，揉成光滑的面团。

❸ 将揉好的面团压扁，用擀面杖擀成圆饼状面皮，放入披萨圆盘中，稍加修整。

❹ 用叉子在面皮上均匀地扎出小孔，放置常温下发酵 2 小时。

❺ 将虾仁洗净，去除虾线，待用。

❻ 将青椒丁、黄椒丁、红椒丁均匀铺放在披萨面皮上，再撒上虾仁。

❼ 放入芝士碎，撒上洋葱丁、培根，制成披萨生坯。

❽ 将披萨生坯放入烤箱，以上火 200℃、下火 190℃，烤 12 分钟，取出，淋上番茄酱即可。

上火 200℃
下火 190℃
12 分钟

香辣虾蟹披萨

面皮

高筋面粉 200 克，黄奶油 20 克，鸡蛋 1 个，酵母 3 克，盐 1 克，白糖 10 克

馅料

虾仁、蟹肉各 30 克，彩椒丁、洋葱丁各 10 克，辣椒粉适量

做法

❶ 高筋面粉倒在案台上，用刮板开窝，加入水、白糖、酵母、盐，搅匀。

❷ 放入鸡蛋，搅散，刮入高筋面粉，倒入黄奶油，混匀，揉成面团。

❸ 取面团，用擀面杖擀成圆饼状面皮，放入披萨圆盘中，稍加修整。

❹ 用叉子在面皮上均匀地扎出小孔，放置常温下发酵 1 小时。

❺ 发酵好的面皮上撒入虾仁、蟹肉，再撒上彩椒丁和洋葱丁，制成披萨生坯。

❻ 预热烤箱，将温度调至上、下火 200℃。

❼ 将披萨生坯放入烤箱中，烤 15 分钟取出，撒上辣椒粉即可。

牛肉米饭披萨

面皮

高筋面粉 200 克，酵母 3 克，盐 1 克，白糖 10 克

馅料

牛里脊块30克，软米饭150克，芝士碎、土豆块各40克，橄榄油、披萨酱各适量

做法

1. 将备好的高筋面粉倒入碗中，待用。
2. 取一个碗，倒入适量温水，加入水、白糖、酵母、盐，搅匀，倒入面粉中。
3. 将面粉和水抓匀，用手揉搓成光滑的面团。
4. 取面团，用擀面杖擀成圆饼状面皮，放置常温下发酵 1 小时。
5. 用勺子取适量披萨酱，均匀涂抹在披萨面饼上。
6. 面皮上铺上一层软米饭，均匀撒入牛里脊块和土豆块。
7. 加入芝士碎，滴上橄榄油，制成披萨生坯。
8. 预热烤箱，将温度调至上、下火 200℃，放入披萨生坯。
9. 烤 10 分钟，取出烤好的披萨，装入盘中即可。

上火 200℃

下火 200℃

10 分钟

菠菜虾皮烘蛋披萨

原料

菠菜 3 ~ 4 颗（提前洗净切成小段），洋葱丝 10 克，茶树菇 8 克，鸡蛋 2 个，虾皮、芝士碎、食用油各适量

做法

❶ 将鸡蛋打散成蛋液，搅拌均匀，待用。
❷ 锅中倒油烧热，倒入备好的菠菜，翻炒至断生。
❸ 开小火，倒入蛋液，并转平、转圆。
❹ 均匀撒上茶树菇、洋葱丝、虾皮。
❺ 再均匀撒满芝士碎，盖上盖，小火焖 2 分钟，至蛋液凝固、芝士融化。
❻ 揭盖，装入盘中即可。

双子馅料披萨

扫一扫，看视频

面皮

高筋面粉 170 克，酵母粉 3 克，盐 2 克，糖 8 克，色拉油 8 毫升

馅料

培根丁 60 克，土豆丁 100 克，传统馅 140 克（将圣女果丁、洋葱丁、彩椒丁用番茄酱拌匀制成），芝士碎、番茄酱各适量

做法

❶ 取一个大碗，倒入高筋面粉，加入盐、糖，搅拌匀。
❷ 温水碗中倒入酵母粉，搅打一会儿，至其混合均匀。
❸ 将酵母水倒入面粉碗中，加入色拉油，用橡皮刮刀拌匀。
❹ 用手揉搓一会儿，至其成为光滑的面团。
❺ 将面团放入碗中，盖上保鲜膜发酵 15 分钟左右。
❻ 揭开保鲜膜，将面团取出。
❼ 将面团用擀面杖擀成 10 寸大小，制成披萨底。
❽ 将披萨底放入刷好油的烤盘中，用手调整大小。
❾ 用叉子在表面戳几个小孔，将其放入烤箱中。
❿ 待发酵好后，将面团取出。
⓫ 将备好的土豆丁、培根丁和适量番茄酱拌匀，制成土豆培根馅，备用。
⓬ 在发酵好的面皮上刷一层番茄酱，一半铺上传统馅、一半铺上土豆培根馅，在馅料上均匀地撒上一层芝士碎，制成披萨面饼。
⓭ 将面饼放入烤箱，以上、下火 200℃烤 10 分钟，取出即可。

Part 5

高难度披萨，开启味蕾新世界

如果说前面的几个难度
对你来说完全是小菜一碟，
那么不妨试试这一部分的高难度披萨吧！
说是高难度，
其实，只要你用心去尝试，
一样可以和烘焙达人一样，
开启味蕾新大门！

上火 190℃
下火 190℃
12 分钟

三文鱼太阳蛋吐司披萨

扫一扫，看视频

原料

鹌鹑蛋 1 个，芝士片、吐司各 1 片，三文鱼 1 块，卷心菜、玉米粒、豌豆各 20 克，奶酪、柠檬片各适量

调料

番茄酱、食用油各适量

做法

❶ 取一个大碗，铺上一层柠檬片，放入三文鱼，再盖上柠檬片，腌制 10 分钟。

❷ 将吐司用模具把中间掏空，四周均匀抹上适量番茄酱。

❸ 摆放上备好的奶酪和卷心菜。

❹ 放上玉米粒和豌豆。

❺ 平底锅里倒入适量食用油，转动锅子，使其铺匀，放入腌好的三文鱼，用小火将两面煎熟。

❻ 用筷子将三文鱼打散，均匀铺满在蔬菜上面，撒上切好的芝士片。

❼ 转移吐司片到烤盘上，将鹌鹑蛋去皮，磕入吐司中间的洞中。

❽ 放入提前预热好的烤箱内，以上、下火 190℃烤 12 分钟即可。

1

2

3

4

5

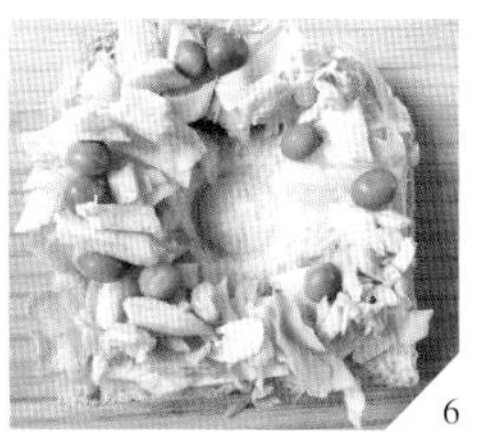

6

7

8

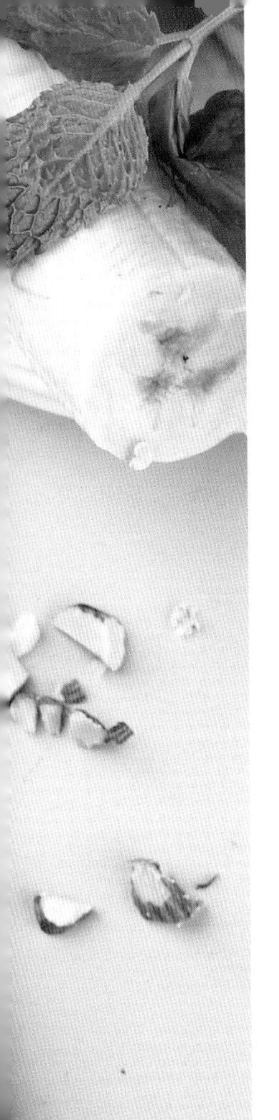

巧克力香蕉片披萨

面皮

高筋面粉 200 克，黄奶油 20 克，酵母 3 克，盐 1 克，白糖 10 克

馅料

巧克力、香蕉片各 30 克，杏仁碎适量

做法

1. 高筋面粉倒在案台上，用刮板开窝，加入水、白糖、酵母、盐，搅匀。
2. 刮入高筋面粉，倒入黄奶油，混匀，揉成面团。
3. 取面团，用擀面杖擀成圆饼状面皮，放入披萨圆盘中，稍加修整。
4. 用叉子在面皮上均匀地扎出小孔，放置常温下发酵 1 小时。
5. 将面皮放入烤箱，以上、下火 200℃烤 10 分钟，取出。
6. 将巧克力放入碗中，装入微波炉中，加热溶化，制成巧克力液。
7. 将巧克力液趁热涂抹在烤好的披萨面皮上，撒上香蕉片，淋上杏仁碎即可。

上火 200℃
下火 200℃
10 分钟

双色圣女果披萨

面皮

高筋面粉 200 克，黄奶油 20 克，酵母 3 克，盐 1 克，白糖 10 克

馅料

芝士丁 40 克，黄色圣女果、红色圣女果各 50 克，培根 30 克

做法

❶ 高筋面粉倒在案台上，用刮板开窝，加入水、白糖、酵母、盐，搅匀。
❷ 刮入高筋面粉，倒入黄奶油，混匀，揉成面团。
❸ 取面团，用擀面杖擀成圆饼状面皮，放入披萨圆盘中，稍加修整。
❹ 用叉子在面皮上均匀地扎出小孔，放置常温下发酵 30 分钟。
❺ 将黄色圣女果和红色圣女果洗净，切成圈；培根切片。
❻ 发酵好的面皮上均匀撒上备好的红色和黄色圣女果、芝士丁和培根，压平，制成披萨生坯。
❼ 预热烤箱，温度调至上、下火 200℃，烤 10 分钟，取出即可。

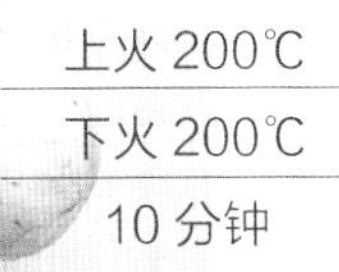

上火 200℃
下火 200℃
10 分钟

玛格丽特披萨

面皮

高筋面粉 200 克，酵母 3 克，蜂蜜 10 克，橄榄油适量

馅料

马苏里拉奶酪 100 克，大蒜 1 瓣，西红柿、罗勒叶、番茄酱、橄榄油各适量

做法

❶ 将大蒜切成碎末，取适量罗勒叶切碎，西红柿对半切开，马苏里拉奶酪切薄片。

❷将酵母、蜂蜜加入适量温水，拌匀后放置在温暖处，发酵10分钟，直至起泡。

❸ 高筋面粉放入碗中，中间挖一空，倒入酵母混合液和橄榄油，用筷子搅拌成面团。

❹ 用手揉 5 ~ 7 分钟，制成光滑的面团，放入抹过橄榄油的碗里，盖好，放温暖处发酵至两倍大。

❺ 在撒了面粉的案板上，将面团平分成两块，每块擀成直径 25 厘米的饼，放入披萨盘。

❻ 饼上均匀抹上番茄酱、撒切碎的罗勒叶和蒜末，周围留出约 2 厘米的边。

❼ 铺上一层马苏里拉奶酪片，撒上切好的西红柿，淋上少许橄榄油。

❽ 放入预热好的烤箱，以上、下火 240℃烤 8 分钟，取出，撒上剩余的罗勒叶装饰即可。

芝士蛋黄披萨

扫一扫，看视频

面皮

高筋面粉 46 克，低筋面粉 13 克，酵母粉 2 克，盐、糖各 5 克，橄榄油 5 毫升

馅料

蛋黄 2 个，芝士碎 30 克，奶油奶酪、番茄酱、食用油各适量

做法

❶ 在温水碗中倒入酵母粉，搅打一会儿，至其混合均匀。
❷ 取一个大碗，倒入高筋面粉、低筋面粉、盐、糖。
❸ 搅拌均匀，倒入橄榄油和酵母水，用橡皮刮刀拌匀。
❹ 用手揉搓一会儿，至其成为光滑的面团。
❺ 将面团放入碗中，盖上保鲜膜，发酵约 15 分钟。
❻ 揭开保鲜膜，将面团取出。
❼ 将面团用擀面杖擀成烤盘大小，制成披萨底。
❽ 将烤盘底部刷上一层食用油，放入披萨底，用手调整大小。
❾ 用叉子在表面戳几个小孔，将其放入烤箱中。
❿ 待发酵好后，将面团取出，在表面刷上一层食用油。
⓫ 将 2 个蛋黄放入碗中，加入适量温开水拌匀，待用。
⓬ 将披萨面皮上刷上一层蛋黄液，铺上奶油奶酪。
⓭ 再撒上芝士碎，制成披萨生坯。
⓮ 放进预热好的烤箱，以上火 200 ℃、下火 190℃，烤 12 分钟。
⓯ 最后挤上适量番茄酱即可。

上火 200℃
下火 190℃
12 分钟

黑胡椒洋葱圈披萨

扫一扫，看视频

面皮

中筋面粉 320 克，酵母粉 5 克，盐 3 克，糖 15 克，玉米油 15 毫升

馅料

红椒丁、黄椒丁各 30 克，洋葱圈 40 克，蛋液、芝士碎、黑胡椒粉、食用油各适量

做法

❶ 在温水碗中倒入酵母粉，搅打一会儿，至其混合均匀。
❷ 取一个大碗，倒入中筋面粉、盐、糖。
❸ 加入玉米油和酵母水，用橡皮刮刀拌匀。
❹ 用手揉搓一会儿，至其成为光滑的面团。
❺ 将面团放入碗中，盖上保鲜膜，发酵约 15 分钟。
❻ 揭开保鲜膜，将面团取出。
❼ 将面团用擀面杖擀成 7 寸大小，制成披萨底。
❽ 将烤盘底部刷上一层食用油，放入披萨底，用手调整大小。
❾ 用叉子在表面戳几个小孔，将其放入烤箱中。
❿ 待发酵好后，将面团取出，在表面刷上一层食用油。
⓫ 发酵好的面皮上刷上一层蛋液，撒上黑胡椒粉。
⓬ 依次放上洋葱圈、红椒丁和黄椒丁。
⓭ 撒上一层芝士碎，制成披萨生坯。
⓮ 将披萨生坯放入烤箱中，以上、下火 200℃烤 10 分钟即可。

蒲烧鳗鱼披萨

面皮

高筋面粉 200 克，黄奶油 20 克，酵母 3 克，盐 1 克，白糖 10 克

馅料

鳗鱼 30 克，彩椒丁、洋葱丁各 2 克，芝士、海苔各适量

做法

❶ 高筋面粉倒在案台上，用刮板开窝，加入水、白糖、酵母、盐，搅匀。

❷ 刮入高筋面粉，倒入黄奶油，混匀，揉成面团。

❸ 取面团，用擀面杖擀成圆饼状面皮，放入披萨圆盘中，稍加修整。

❹ 用叉子在面皮上均匀地扎出小孔，放置常温下发酵 1 小时。

❺ 将鳗鱼平铺在披萨面皮上，再撒上彩椒丁、洋葱丁、芝士。

❻ 将面皮放入烤箱，以上、下火 200℃烤 10 分钟，取出，撒上海苔即可。

上火 200℃

下火 200℃

10 分钟

海鲜汇集披萨

面皮

高筋面粉 200 克，黄奶油 20 克，酵母 3 克，盐 1 克，白糖 10 克，鸡蛋 1 个

馅料

青椒粒、红椒粒各 40 克，虾仁、蟹柳各 30 克，章鱼、芝士各适量

做法

❶ 高筋面粉倒在案台上，用刮板开窝，加入水、白糖、酵母、盐，搅匀。
❷ 放入鸡蛋，搅散，刮入高筋面粉，倒入黄奶油，混匀，揉成面团。
❸ 取面团，用擀面杖擀成圆饼状面皮，放入披萨圆盘中，稍加修整。
❹ 用叉子在面皮上均匀地扎出小孔，放置常温下发酵 1 小时。
❺ 发酵好的面皮上铺上芝士，撒入虾仁、蟹柳、章鱼。
❻ 放入青椒粒、红椒粒，制成披萨生坯。
❼ 预热烤箱，将温度调至上、下火 220℃。
❽ 将披萨生坯放入烤箱中，烤 5 分钟，取出，撒上芝士，再烤 10 分钟即可。

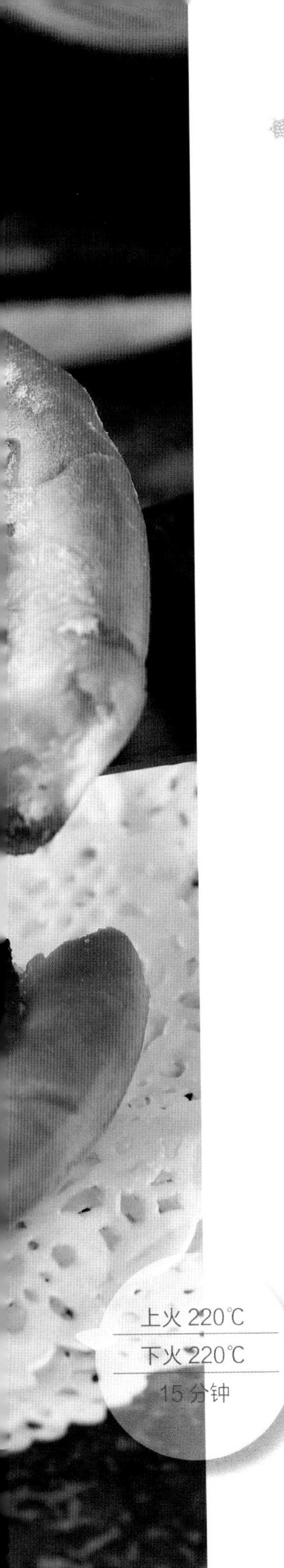

荤食什锦披萨

面皮

高筋面粉 46 克，低筋面粉 13 克，酵母粉 2 克，盐、糖各 5 克，橄榄油 5 毫升

馅料

培根、章鱼、鸡肉各20克，青椒丁、红椒丁各10克，洋葱丁5克，马苏里拉芝士、橄榄油各适量

做法

❶ 在温水碗中倒入酵母粉，搅打一会儿，至其混合均匀。
❷ 取一个大碗，倒入高筋面粉、低筋面粉、盐、糖。
❸ 搅拌均匀，倒入橄榄油和酵母水，用橡皮刮刀拌匀。
❹ 用手揉搓一会儿，至其成为光滑的面团。
❺ 将面团放入碗中，盖上保鲜膜，发酵 15 分钟左右。
❻ 揭开保鲜膜，将面团取出。
❼ 将面团用擀面杖擀成烤盘大小，制成披萨底。
❽ 将烤盘底部刷上一层橄榄油，放入披萨底，用手调整大小。
❾ 用叉子在表面戳几个小孔，将其放入烤箱中。
❿ 待发酵好后，将面团取出，在表面刷上一层橄榄油。
⓫ 在面团上均匀撒上鸡肉、培根、章鱼。
⓬ 放入青椒丁、红椒丁、洋葱丁，撒上马苏里拉芝士。
⓭ 放进预热好的烤箱，以上、下火 220℃，烤 15 分钟即可。

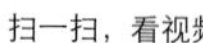

扫一扫，看视频

彩蔬小披萨

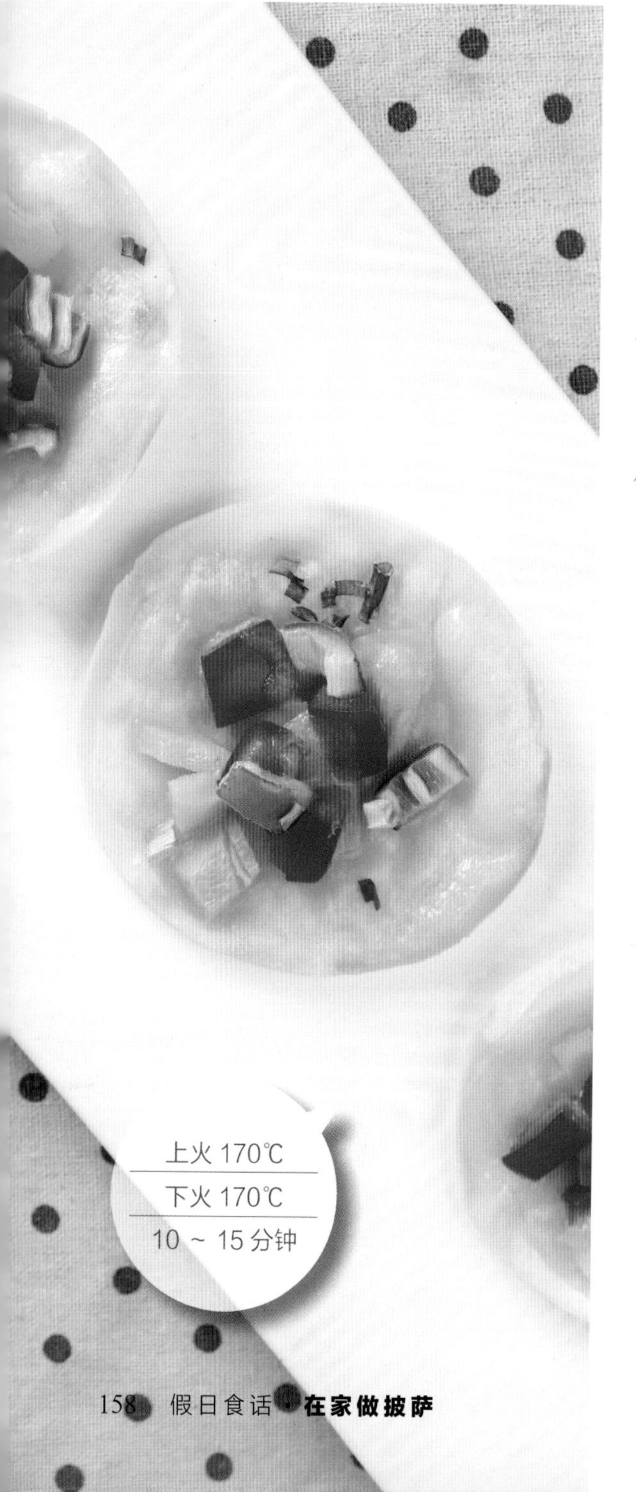

原料

红甜椒、黄甜椒、青椒各 1 根，饺子皮 15 片，鸡蛋 2 个，葱、马苏里拉芝士碎各适量

调料

食用油适量

做法

❶ 将备好的红甜椒、黄甜椒、青椒和葱洗净，切丁，备用。
❷ 将鸡蛋打入碗中，搅匀，制成蛋液。
❸ 取出烤盘，倒少许油在烤盘上，刷匀。
❹ 将饺子皮均匀地放在烤盘上。
❺ 在饺子皮上涂上备好的蛋液。
❻ 加入准备好的红甜椒、黄甜椒、青椒和葱丁。
❼ 撒上适量马苏里拉芝士碎。
❽ 烤箱预热后放入中层，以上、下火 170℃烤 10 ~ 15 分钟，至表面金黄色即可。